职业教育信息技术类专业创新型系列教材

微官网设计与制作

主　编　王珺萩　陈寒妮

副主编　谢　羽

科学出版社

北　京

内 容 简 介

本书根据新媒体工作岗位的实际需求，将企业微官网搭建的前、中、后三个阶段划分为五个学习模块，分别为创设微信公众号、搭建微官网、运营微官网、助力微官网营销、微官网实战综合任务；以微官网制作能力提升为主线，逐步将微官网从策划到搭建再到运营的各个重点环节的操作方法展现给读者；配套微官网制作素材、微课、课件等数字化教学资源包，实用性强。书中不仅重视传授学生技能，而且重视培养学生的爱岗敬业、遵纪守法、注意保护他人权益、求真务实等道德情操和职业素养。

本书既可作为职业院校数字媒体相关专业的教材，也可供微官网设计爱好者自学使用。

图书在版编目（CIP）数据

微官网设计与制作 / 王珺萩，陈寒妮主编. —北京：科学出版社，2023.3
（职业教育信息技术类专业创新型系列教材）
ISBN 978-7-03-070956-1

Ⅰ.①微… Ⅱ.①王… ②陈… Ⅲ.①网页制作工具 Ⅳ.①TP393.092.2

中国版本图书馆CIP数据核字（2021）第260368号

责任编辑：陈砺川 / 责任校对：王万红
责任印制：吕春珉 / 封面设计：东方人华平面设计部

科 学 出 版 社 出版
北京东黄城根北街16号
邮政编码：100717
http://www.sciencep.com

三河市中晟雅豪印务有限公司印刷
科学出版社发行　　各地新华书店经销

*

2023年3月第 一 版　　开本：787×1092 16
2023年3月第 一 次印刷　　印张：14
字数：310 000
定价：52.00元

（如有印装质量问题，我社负责调换〈中晟雅豪〉）
销售部电话 010-62136230　编辑部电话 010-62135763（1028）

"微官网设计与制作"是职业学校数字媒体技术应用专业的一门新兴专业技能课程。本书既能帮助读者解决微官网设计与制作的问题，又能帮助新媒体运维工作人员解决微官网的运维问题。虽然多个微视频平台都发展得相当火爆，但是微信、微信公众号、微官网与微营销却依然相伴在我们的日常工作与生活中。每个企业只要希望在网络营销中有所收获，几乎都需要搭建企业的微信公众号、微官网与微营销平台。为满足人才培养的需求，我们策划并完成了本书的编写工作。本书是上海市在线开放课程"微官网设计与制作"的配套教材，读者可登录"上海市职业院校在线开放课程"网站在线学习本门课程。

本书通过理论与实际案例相结合的形式，以一个农家乐庄园的微官网为例，将企业微官网搭建的前、中、后三个阶段，划分为五个学习模块，逐步向读者讲解了从微官网的策划到搭建再到运营的各个主要操作环节及操作方法，使读者的微官网制作能力得到培养和提升。本书具体内容如下。

模块 1：创设微信公众号，共包含三个学习任务。主要讲解在创建微官网前，如何申请和注册微信公众号、设置微信公众平台的常用功能、设置开发接口与绑定第三方平台。

模块 2：搭建微官网，共包含六个学习任务。主要讲解准备微官网搭建所用素材的注意事项、规划并搭建微官网基础框架、编制微官网展示内容、设置微官网活动与互动项目、设置微官网会员基础信息、设置微官网会员营销系统。

模块 3：运营微官网，共包含四个学习任务。主要讲解新媒体活动营销策划方案的撰写，设计并输出新媒体文案创意，设计各类活动模板并应用于线下活动，活动数据的采集、分析及再利用。

模块 4：助力微官网营销，共包含四个学习任务。主要讲解如何用智能手机拍摄与处理图片素材、用智能手机编辑视频素材、用 PPT 快速制作营销海报、用 H5 在线制作动态海报。

模块 5：微官网实战综合任务。本模块通过任务清单的模式，要求并带领学生完整地设计、制作一个微官网，并策划、执行一次线上线下的实践活动，巩固全书学习过的内容。

本书遵循职业教育规律及特点，体现"学做合一"理念，具有如下特点。

1）坚持落实教育应以"立德树人"为根本任务，不但注重教授学生新知识、新技术、新规范，而且重在培养学生爱岗敬业、遵纪守法、求真务实等道德品质和职业素养，通过"小思想大道理"环节落实课程思政。

2）依据活页式教材理念开发，内容采用模块式结构。除模块 5 之外，每个模块包括模块学习目标、模块职业能力分析表；每个任务包含任务描述、学习目标、思路与方法、能力训练、学习结果评价、问题情境、拓展提高七个教学环节。

3）理论与实践相结合，以一个农家乐微官网案例为载体，但又不局限于单个案例操作，以点带面，点面结合。在"思路与方法"环节，以问答的方式提供知识点的学习；在"能力训练"环节，对任务实训涉及的操作条件、操作步骤均有详细的图文讲解，突出对实践动手能力的培养；在"问题情境"环节，提出一些任务学习过程中或者实际工作中可能遇到的问题，给出解决问题的办法；在"拓展提高"环节，开阔学生思路，拓展知识点和技能点。

4）案例主导、学以致用。本书详细介绍了实际案例的操作过程与方法，读者可以根据案例进行演练，应用于日常工作中，达到举一反三的学习效果。

5）为解决教学与实际工作的差异所带来的技术难题，本书借助实训模拟平台完成教学内容。书中所涉及的微官网设计与制作实训的模拟平台地址为 http://weixin.trandech.com。需要开通获得免费账号与密码的学员，可通过邮件联系获取：xjwu119@163.com。

6）本书配套了丰富的素材、教学微课及课件，读者可通过 www.abook.cn 下载素材及课件等数字资源包。

本书由王珺萩、陈寒妮担任主编，谢羽担任副主编。尽管在编写过程中编者力求做到内容准确、完善，但难免存在疏漏与不足之处，恳请广大读者批评指正。

目 录

模块① 创设微信公众号 ·· 1-1

　　任务 1-1　申请和注册微信公众号 ································ 1-3

　　任务 1-2　设置微信公众平台的常用功能 ························ 1-17

　　任务 1-3　设置开发接口与绑定第三方平台 ······················ 1-33

模块② 搭建微官网 ··· 2-1

　　任务 2-1　准备微官网搭建的各类素材 ··························· 2-3

　　任务 2-2　规划并搭建微官网基础框架 ·························· 2-18

　　任务 2-3　编制微官网展示内容 ······························ 2-33

　　任务 2-4　设置微官网活动与互动项目 ·························· 2-42

　　任务 2-5　设置微官网会员基础信息 ··························· 2-50

　　任务 2-6　设置微官网会员营销系统 ··························· 2-60

模块③ 运营微官网 ··· 3-1

　　任务 3-1　撰写新媒体活动营销策划方案 ························· 3-3

　　任务 3-2　设计并输出新媒体文案创意 ·························· 3-10

　　任务 3-3　设计各类活动模块并应用于线下活动 ··················· 3-20

　　任务 3-4　采集、分析及再次利用活动数据 ······················ 3-29

模块④ 助力微官网营销 ··· 4-1

　　任务 4-1　用智能手机拍摄与处理图片素材 ······················ 4-3

　　任务 4-2　用智能手机编辑视频素材 ··························· 4-14

　　任务 4-3　用 PPT 快速制作营销海报 ························· 4-25

　　任务 4-4　用 H5 在线制作动态海报 ·························· 4-36

模块⑤ 微官网实战综合任务 ····································· 5-1

参考文献 ··· C-1

创设微信公众号

小信毕业后回到家乡创业，开办了一家特色农家乐"知乐庄园"，但由于线下宣传推广效果不佳，生意一直不见起色。于是小信想到了可以借助线上微营销为自己的农家乐做宣传推广活动，以提高关注度。那么应该建设一个什么样的微官网，既能展示出农家乐的特色，又能与消费者通过网站进行互动呢？同时，这个网站制作起来要简单，成本要低廉。这时，小信想到了你这个老同学，跑来向你求助。你推荐小信制作一个带有营销功能的微官网，因为这种微官网制作技术简单、成本低廉，功能上也基本能够满足小信的需求。小信很高兴，欣然采纳了你的建议。

事不宜迟，请你开始协助小信，一起为知乐庄园建立一个微官网吧。

【模块学习目标】

① 申请微信公众号。

② 设置微信公众平台相关功能，使微信公众号能正常运营。

③ 设置微信公众号的开发接口与第三方平台进行绑定，为搭建微官网做好数据交换的准备。

本模块职业能力分析表

学习内容	任务规划	职业能力
申请微信公众号	申请和注册微信公众号	会在微信公众平台成功申请微信公众号
设置微信公众号	设置微信公众号应用模块的各项功能	会在微信公众平台设置相关应用模块的功能
微信公众号开发接口与第三方平台的绑定	设置开发接口与绑定第三方平台	了解微信公众号二次开发接口参数的作用与设置方法
		会将微信公众号测试号与第三方平台绑定

任务 1-1　申请和注册微信公众号

任务描述

在日常进行网络营销时，我们需要依托微信和微信公众号来结合知乐庄园的微官网进行线上运营。所以在创建微官网之前，我们需要先申请一个微信公众号。我们先从了解微信公众号和它的相关功能开始学习，为我们后面搭建知乐庄园微官网做好准备。

学习目标

◇　会完整收集申请微信公众号所需要的材料。

◇　知道微信公众号的分类，能区分订阅号与服务号。

◇　能按要求顺利申请一个服务号。

◇　在申请微信公众号前，熟读、了解并自觉遵守《中华人民共和国网络安全法》和《微信公众平台运营规范》。

思路与方法

问题 1. 什么是官网、微官网？

核心概念

· 网络安全法规
· 微官网
· 微信公众平台
· 微信公众号

官方网站，简称官网，是指政府机构、社会组织、团队、企业或者个人在互联网中所建立的具有公开性质的独立网站。（百度百科）

微官网是为适应高速发展的移动互联网市场环境而诞生的一种基于 WebApp 和传统 PC 版网站相融合的新型网站。微官网可兼容 iOS、Android、WP 等多种智能手机操作系统，可便捷地与微信、微博等网络建立互动咨询。简言之，微官网就是能适应移动客户端对浏览体验与交互性能要求的新一代网站。（百度百科）

问题 2. 微信公众平台、微信公众号、微官网之间是什么关系？

微信公众平台、微信公众号、微官网这三者之间存在着依存关系。要讲清楚它们的关系，不妨以我们生活中常见的书架为例加以形象说明，如图 1-1-1 所示。互联网就像一个浩瀚无边的书库，微信公众平台就像书库中的一个书架，微信公众号好比书架上一个放置书本的空间，微官网则是放在这个空间里的一部书。申请一个微信公众号就如同在书架上申请一个放置书本的空间，设计一个微官网就像是撰写这部书。微官网里的图片、文字等内容就如同书

📖 学习笔记　　中的插图与文字，与书架上这一空间有着千丝万缕的联系和归属。

图 1-1-1　微信公众平台、微信公众号、微官网三者间关系比喻

问题 3. 什么是微信公众号？它有哪些不同的类型？不同类型之间的区别又是什么？

微信公众号是开发者或商家在微信公众平台上申请的应用账号。通过公众号，商家可在微信公众平台上实现和特定群体的文字、图片、语音、视频的全方位沟通与互动。微信公众号已成为一种主流的线上与线下互动营销的方式。

目前，微信公众平台有订阅号、服务号和小程序三种方式。三种方式之间的区别如表 1-1-1 所示，三种方式的不同功能权限如表 1-1-2 所示。

表 1-1-1　订阅号、服务号和小程序的区别

账号类型	功能介绍
订阅号	侧重于为用户传达资讯（类似报纸、杂志），认证前后每天都只能群发一条消息（适用于个人和组织）
服务号	侧重于服务交互（类似银行、114 查号台），认证前后每个月都只能群发 4 条消息（不适用于个人）
小程序	是一种新的开放能力，开发者可以快速地开发一个小程序，通过绑定微信公众号实现相关接口的功能，优势在于无须安装即可快速打开使用，通过微信实现与用户的交互操作

温馨提示：

1. 如果想要简单地发送消息，达到宣传效果，建议选择订阅号。
2. 如果想通过微信公众号获得更多的商业用途，例如开通微信支付等，建议选择服务号并进行认证。

表 1-1-2　订阅号、服务号和小程序的不同功能权限

功能权限	普通订阅号	微信认证订阅号	普通服务号	微信认证服务号
消息直接显示在好友对话列表中			✓	✓
消息显示在"订阅号"文件夹中	✓	✓		

续表

功能权限	普通订阅号	微信认证订阅号	普通服务号	微信认证服务号
每天可以群发 1 次消息	✓	✓		
每个月可以群发 4 次消息			✓	✓
基本的消息接收 / 运营接口	✓	✓	✓	✓
聊天界面底部，自定义菜单	✓	✓	✓	✓
高级接口能力		部分支持		✓
微信支付 - 商户功能		部分支持		✓

问题 4. 请帮小信确定知乐庄园应该选哪种类型的微信公众号？为什么？

订阅号为媒体和个人提供了一种新的信息传播方式，主要功能是在微信侧给用户传达资讯；服务号是为企业和组织提供更强大的业务服务与用户管理能力，主要功能偏向服务类交互，因此应为知乐庄园申请服务号。

 能力训练

下面开始申请一个微信公众号。

（一）操作准备

1 确认满足以下条件后，你可以开始本任务

1）你已年满 18 岁，有合法的身份证。

2）你已申请了微信并在使用，而且已绑定了银行卡，开通了微信支付功能。

3）打开浏览器，搜索"微信公众平台"，选择"微信公众平台"官方链接，即可打开微信公众平台。

4）在浏览器地址栏输入 https://mp.weixin.qq.com/，也可打开微信公众平台，如图 1-1-2 所示。

【想一想】

如果上海信息技术学校的招生部门想利用微信公众号来为学校的招生做宣传，并通过微信公众号发布相关资讯信息和招生活动。通过学习本任务后，你建议学校申请哪种类型的微信公众号呢？为什么？

图 1-1-2 微信公众平台

5）如果你年龄未满 18 周岁，也没有公司营业执照等资质，则不能通过官方网站成功申请到微信公众号。此时我们可以通过网址 http://weixin.trandech.com 登录新媒体实训学习平台，如图 1-1-3 所示，联系网站负责人申请学习账号，在此平台上可以完成本书所有任务的操作。

图 1-1-3 新媒体实训学习平台

2 申请及认证微信公众号的资料准备

申请微信公众号所需资料如下。

1）申请账号专用邮箱，可以考虑使用 QQ 邮箱，比较容易记。

2）管理员信息：身份证号码、身份证扫描图片、手机号码。

3）微信公众号信息：公众号账号名称、公众号功能介绍（120 字以内）。

微信公众账号认证（年审）及微信支付申请所需资质如下。

1）最新版企业营业执照彩色扫描件。如果是复印件，则需加盖与主体一致的单位公章后扫描；无公章的个体工商户可加盖法人私章 / 法人签字），如图 1-1-4 所示。企业营业执照上有企业全称、统一社会信用代码等企业详细信息。

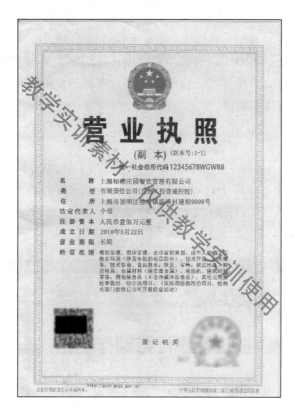

图 1-1-4　营业执照扫描件（信息仅供实训使用）

2）对公账户信息，包括开户名称、开户银行、对公银行账号。

3）微信公众号负责人信息，包括身份证号码、常用手机号码、邮箱。

4）商标材料，包括《商标注册书》和《商标授权书》（如果公众号名称包含商标名称，则需要上传该材料）。

5）年审费用。申请认证年审费用为 300 元 / 年，直接在线扫码支付至腾讯公司，认证通过后，腾讯公司将开具发票。

3 微信公众号申请的操作流程

如果使用微信公众平台，则登录微信公众平台→单击进入微信公众号注册页面→选择注册公众号的类型→填写邮箱并通过邮箱获得验证码，填写验证码并激活→设置账号密码后确认完成注册→登记微信公众号信息（主体及管理员信息）→填写公众号信息→单击完成注册后跳转进入微信公众平台。

如果使用新媒体实训学习平台，则登录该实训平台→选择主菜单中的"账号申请"跳转到公众号注册窗口→单击右上角的"立即注册"进入注册页面→选择注册公众号类型（服务号）→填写邮箱地址后单击"激活邮箱"获取验证码并激活→设置登录账号密码单击"注册"完成账号注册→选择企业注册地及公众号类型（服务号）→填写登记信息（主体及管理员信息）并通过手机验证→填写微信公众号名称及功能介绍→单击"完成"后跳转进入微信公众平台。

（二）操作过程

为方便在校学生学习，本书所讲解的微官网设计与制作案例均在新媒体实训学习平台下的"微官网设计与制作平台"中完成。微信公众平台官网的实际操作过程，请参照官网相关教程逐步进行，这里就不详细描述。

1 登录微官网设计与制作平台

单击如图 1-1-3 所示新媒体实训学习平台首页的"马上登录"，出现"微官网设计与制作平台"账号密码登录页面，如图 1-1-5 所示，在此填写账号与密码登录即可（个人账号申请可查询网站首页联系方式，在校生使用可由学校联系平台统一提供，一般账号为个人的身份证号码，默认密码为 123456）。

图 1-1-5　账号密码登录页面

💡 **注意**

后续的学习任务操作过程，都会默认你已登录了微官网设计与制作平台（后文实训平台即指该平台），任务操作过程中对此步骤不再赘述。

小提示

微信公众平台对账号的注册有上限，请珍惜使用机会。

在相关国家互联网信息内容管理部门的指导下，为加强账号管理，自 2018 年 11 月 16 日起，对微信公众号进行注册上限调整：

1）同一个邮箱只能申请 1 个公众号；

2）同一个手机号码可注册和认证 5 个公众号；

3）同一身份证注册个人类型公众号（订阅号）数量上限为 1 个；

4）同一企业、个体工商户、其他组织资料注册公众号（订阅号、服务号各 1 个）数量上限为 2 个；

5）同一政府、媒体类型可注册和认证 50 个公众号。

2 微信公众号账号注册申请练习

登录微官网设计与制作平台后，出现如图 1-1-6 所示的平台主页面，单击"账号申请"选项卡后，跳转至如图 1-1-7 所示的账号申请页面，单击此页面右上方"立即注册"；跳转至如图 1-1-8 所示的账号类型选择页面，在此选择注册公众号的类型为"服务号"。

图 1-1-6 平台主页面

小思想大智慧

网络带给我们生活的便利，同时也带来了一些困扰。在使用网络时，要先明确法律法规的相关条款，正视网络信息的真实性问题，不轻信，不盲从，保持理性。

图 1-1-7 微信公众号账号申请页面

图 1-1-8 账号类型选择页面

3 填写注册邮箱并激活，成功注册登录账号

当选择"服务号"类型后，则会出现如图 1-1-9 所示的账号注册页面。在此填写邮箱（注意邮箱格式），单击右侧的"激活邮箱"按钮后，页面顶部会出现邮箱反馈的验证码（真实申请环节中需要登录填写的邮箱获取验证码），将提示的邮箱验证码填写至指定位置，并输入密码和确认密码（注意两次输入的密码应一致，在此实训平台建议使用 123456 作为密码。请记住注册邮箱与密码，后面任务会需要使用），勾选"我同意并遵守《微信公众平台服务协议》"，单击"注册"按钮完成账号注册。

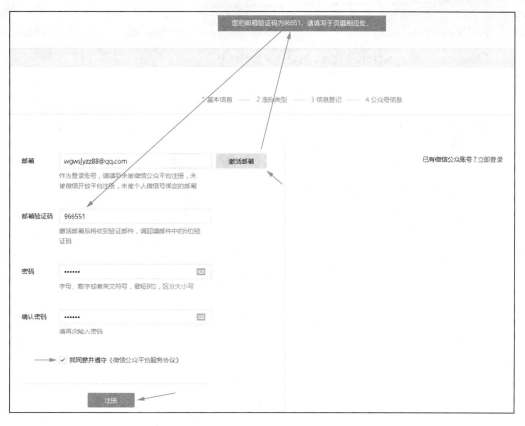

图 1-1-9　填写邮箱注册账号页面

小提示

真实环境下使用邮箱账号注册时要注意以下事项。

1）注册微信公众号的邮箱必须是未绑定任何个人微信、公众号、小程序及微信开放平台账号的邮箱。

2）使用邮箱申请微信公众号，若没有收到确认邮件：

- 请检查邮箱地址是否正确，若不正确，请返回重新填写；
- 请检查是否为邮箱设置了邮件过滤功能或直接查看邮件的垃圾箱；
- 若仍未收到确认邮件，请尝试重新发送（单击页面中的"重新发送"）。

4 选择微信公众号的企业注册地与账号类型

邮箱登录账号注册完毕，页面就跳转至企业注册地选择页面，如图 1-1-10 所示，点选"中国大陆"后单击"确定"跳转至账号类型选择页面，如图 1-1-11 所示，点选"服务号"右下角的"选择并继续"。

图 1-1-10　企业注册地选择页面

图 1-1-11　账号类型选择页面

5 账号主体信息登记

（1）主体信息登记

选择账号类型为服务号后，则会跳转至如图 1-1-12 所示的"主体信息登记"页面。页面信息可以根据资源包提供的信息填写，也可使用自己的信息填报。填报中注意身份证号码的位数，上传身份证照片可使用素材包提供的图片（自行拍摄或扫描的图片应注意尺寸不宜过大）。

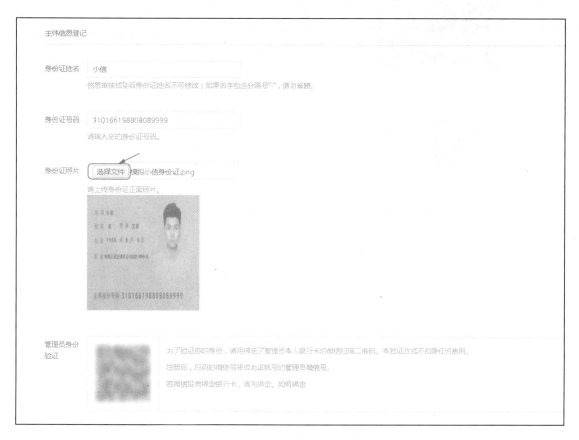

图 1-1-12　"主体信息登记"页面

（2）管理员信息登记

因为是在实训环境下操作，图 1-1-12 所示页面下部"管理员身份验证"二维码部分无须操作，只需要了解如何操作即可。填报管理员手机号码时，注意手机位数必须正确。填写完毕单击"发送验证码"，在平台页面上方会提示验证码信息（真实环境下申请时，需要管理员手机接收实时验证码方可执行），根据短信提示填报验证码后，单击"继续"按钮，如图 1-1-13 所示。

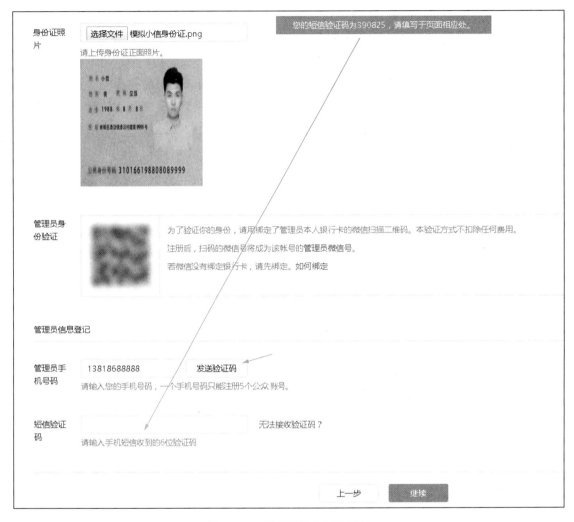

图 1-1-13 管理员信息登记页面

6 填写微信公众号信息

单击如图 1-1-13 所示"继续"按钮后，出现如图 1-1-14 所示的页面，在此填写微信公众号名称和功能介绍信息。运营地区默认为中国—上海—卢湾（也可根据需要修改），填写完毕后单击"完成"按钮，即完成微信公众号账号申请工作。此时页面会自动跳转至微信公众平台功能设置页面。

图 1-1-14　公众号信息填写页面

7 微信认证

微信公众号注册完毕后，我们还可以继续申请微信认证，获取交易、互动以及更多推文数量权限等高级功能。

（1）微信认证的方法

可以通过网络查阅微信认证的方法，及时关注相关政策的变化。

（2）微信公众号的使用规则

上网了解微信公众号的使用规则。让我们共同创造一个绿色、健康的网络生态环境。

—— 小思想大智慧 ————————————————————————————

在整理客户资料，协助客户完成信息认证的过程中，对客户提供的资料要注意保护，未经许可，不得泄露客户信息，严守职业道德。

学习笔记

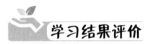试一试

　　微信公众号的功能介绍内容关系到粉丝对公众号的第一印象，通过查找相关题材的优质微信公众号，学习和模仿它们的简介的写法，撰写一段你认为能体现"知乐庄园"微信公众号特色功能的简介，填至"功能介绍"处（注意字数要求）。

学习结果评价

　　1．请对照下表检查本次学习任务的完成情况。

序号	评价指标	指标内涵	分值	得分
1	会完整收集申请微信公众号的相关材料	材料完整无误	2	
2	能自觉遵守国家安全法规及微信公众平台的规则	在申请过程中不触犯相关法律法规	1	
3	用邮箱申请一个微信公众号（在实训平台中）	是否成功	4	
4	测试申请微信公众号的熟练度（在实训平台中）	10 分钟以内	3	
总分			10	

　　2．尝试分析你在申请微信公众号账号时遇到的问题及解决方法。

问题情境

情境：忘记了申请微信公众号的账号和密码，该如何处理？

　　可以登录微信公众号官方网站，单击账号处下方的"找回账号或密码"，按操作提示要求进行操作即可。建议使用自己常用的 QQ 账号的邮箱地址，密码设置成易于记住的内容。

拓展提高

　　通过本任务学习，我们了解到企业商家可以申请两个微信公众号，分别是订阅号与服务号。在日常运营中，一般都会通过微信认证以开通账号更多的功能和数据接口。

任务 1-2　设置微信公众平台的常用功能

任务描述

微信公众号的注册成功只代表了一个开始。很多企业以为有了微信公众号，能发几篇图文就算发挥了微信公众号的作用。其实要让微信公众号成为企业网络营销的有力助手，这还差得很远，作为运维人员的你接下来需要给它进行"装修"。通过对微信公众平台的应用功能对公众号进行有计划的规划与设置，使微信公众号在企业营销中起到它应有的作用。请你帮小信根据知乐庄园的具体情况，把微信公众号的常用功能进行相应的规划与设置，使它早日进入正常的运营状态。

学习目标

◇　知道"功能"模块、"管理"模块和"统计"模块的基本功能和相对应的服务规则。
◇　会设置"功能"模块、"管理"模块和"统计"模块的常用功能。
◇　会对微信公众平台数据信息进行获取、筛选、整合和分析。
◇　能够自觉遵守《微信公众平台运营规范》中的信息内容规范。

思路与方法

问题 1. 微信公众平台常用功能模块包含哪几个？

微信公众平台是运营者为微信用户提供资讯和服务的平台，同时也是为个人、企业和组织提供业务服务与用户管理功能的平台。微信公众平台所提供的各种功能的设置，基本能够满足企业和用户之间的互动、往来数据分析、文章推送等功能。对微信公众平台各种功能的管理，即我们常说的微信公众号后台管理。

我们在本任务中介绍的微信公众平台常用功能模块有三部分，分别是"功能"模块、"管理"模块和"统计"模块。当然在网络不断发展的当今，微信公众平台所提供的功能还远不止这些，但在我们学习微信公众号运营初期，一般只需学会设置这三部分模块的应用功能，就基本能满足企业微信公众号的日常运营需求了。

问题 2. 在"功能"模块可以设置什么内容？

可以在"功能"模块设置微信公众号消息自动回复的三种不同方式、微信公众号的自定义菜单以及微信公众号投票管理。

核心概念
· 微信公众平台的"功能"模块
· "管理"模块
· "统计"模块

问题3．在"管理"模块可以设置什么内容？

1）"消息管理"功能是对用户后台留言消息进行管理。在此可查看用户后台留言，后台只保存最近五天内的消息。如果想永久保存，要把消息标记为"星标消息"（在用户消息条最右边，单击星星图形）。

2）"用户管理"功能是对所有关注本公众号的用户微信号进行分类管理。在这里可以对用户进行分组、打标签、加入黑名单等操作。

3）"素材管理"功能是对本公众号内的"图文消息""图片""音频""视频"素材进行分类和管理。在这里可以新建图文消息，上传音频、视频文件以及对素材进行分组管理。

问题4．"统计"模块在微信公众号内有什么作用？"统计"模块的设置能为知乐庄园微信公众号的运营带来哪些作用？

微信公众平台的"统计"模块包含"用户分析""菜单分析""消息分析""接口分析""网页分析"五种数据分析方式，这些数据的汇总有助于企业经营者及时了解和掌握微信公众号运营及用户的相关信息，因此利用好此模块的相关数据，对企业的商业营销有很大指引作用。

通过对微信公众号"统计"模块的各组数据进行采集与分析，可以帮助小信直观了解知乐庄园农家乐每次活动中用户的参与度、关注点、转载量以及后期运维所需的指导性数据。具体案例如下。

知乐庄园微信公众号发布了一篇关于"钓鱼趣玩活动"的营销类文章，经过几天的活动预热期后，我们通过微信公众平台的"统计"模块获得了一组相关数据。由于这篇文章是群发给所有粉丝用户的，所以发布后通过"内容分析"知晓本篇文章的送达数是3700人，送达阅读数的打开数是850人，首次分享数是386人，分享产生的阅读数是150人。同时，本篇推文在公众号的菜单上也同步发布了链接，而后通过微信公众号的"菜单分析"知晓，一级菜单"最新活动"的点击数是1300次，二级菜单"钓鱼趣玩"的点击数是394次。那么由这几组数据的初步推断，本次活动的策划案所估算的预参加活动人数300人是可以满足的，而从二级菜单的点击数和分享产生的阅读数来预估出关注本次活动并可能参加活动的人数会增至近400人。由于人数的差别较大，那么我们在活动前还需要通过预报名的方法来进一步确认详细的参加活动人数，以便我们把活动准备工作做得更充分到位。以上这种通过微信公众号后台数据预判的方法，经常会在我们的活动运营中用到。当然数据分析的方法不止这些，有兴趣的话你也可以尝试着去研究。

【想一想】
还有什么平台也可以搭建微官网？平台上的功能有什么不一样？

 **能力训练**

下面就来设置知乐庄园微信公众平台的常用功能。

(一) 操作准备

了解设置微信公众平台常用功能模块的实训操作流程:登录微官网设计与制作平台→单击"后台配置"选项卡并登录公众号模拟平台→设置"功能"模块→设置"管理"模块→查看"统计"模块。

(二) 操作过程

1 登录微信公众号后台

登录微官网设计与制作平台,在首页,单击"后台设置"选项卡,出现"教育培训—公众号模拟平台"登录页面。在此页面输入任务 1-1 中注册完成的账号和密码进行登录后,即跳转至公众号模拟平台设置页面,如图 1-2-1 所示。

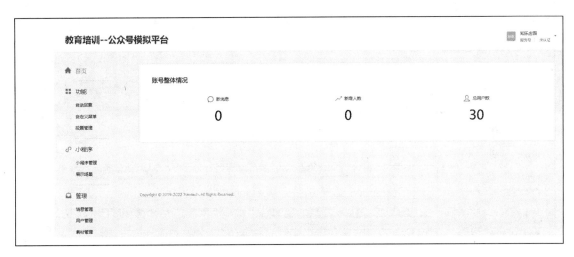

图 1-2-1 公众号模拟平台设置页面

2 设置"功能"模块

(1) 设置"自动回复"功能

在公众号模拟平台设置页面中,选择左侧"功能"模块中的"自动回复"菜单进行相关内容的设置。

"自动回复"功能中可以设置三种消息回复方式:关键词回复、收到消息回复、被关注回复。

1) 单击"自动回复—关键词回复",出现如图 1-2-2 所示页面。单击右侧的"添加回复"跳转至"关键词回复"填写信息页面,如图 1-2-3 所示。

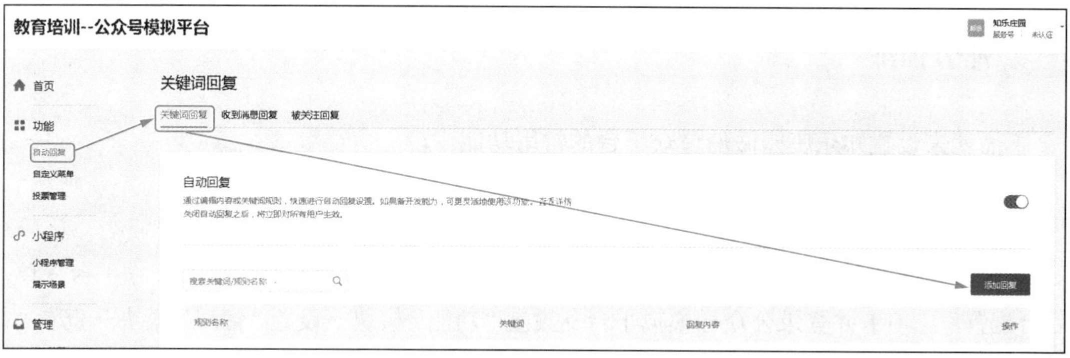

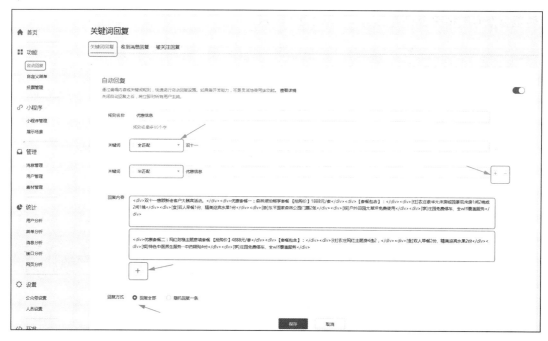

图 1-2-2 自动回复—关键词回复页面

2）在"关键词回复"填写信息页面根据提示填写基本信息（本任务具体填写的信息可根据本书资源包提供的素材填写，也可根据自己的设计填写）；填写时注意关键词"全匹配"与"半匹配"的区别、回复方式的"回复全部"与"随机回复一条"的区别。最后单击"保存"按钮，如图 1-2-3 所示，就完成一条关键词回复的设置。

图 1-2-3 关键词回复—填写基本信息页面

✎ 小提示

"自动回复"的另外两种消息回复方式——"收到消息回复"和"被关注回复"的功能设置方法较为简单，基本与"关键词回复"的方法相同，在相应的文本框内填入回复的文本即可。在实际应用中，在微信公众号聊天页面中即可收到根据不同的情况提前填写的指定信息。

（2）设置"自定义菜单"功能

1）在"功能"模块中选择"自定义菜单"菜单，出现如图 1-2-4 所示页面。在页面中为知乐庄园添加三个主菜单：最新活动、知乐服务、关于我们。

图 1-2-4 "功能"模块—自定义菜单页面

2）再单击页面下方的"+"添加子菜单，如为"最新活动"主菜单添加子菜单"活动回顾"和"知乐要闻"，出现如图 1-2-5 所示页面，在页面的右侧可以对新添加的菜单进行设置。如在"子菜单名称"文本框中输入"活动回顾"，在"网页地址"文本框中输入 http://www.baidu.com（一般设置菜单的时候需要添加链接地址，如果留空会弹出警示框提示）。依次为另外两个主菜单完成设置，完成后单击"保存并发布"按钮，如图 1-2-6 所示（本书资源包内提供了微信公众号菜单设置的相关信息供实训参考使用）。

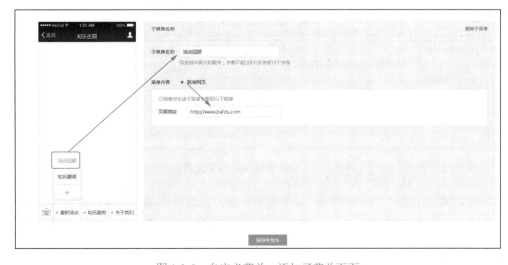

图 1-2-5 自定义菜单—添加子菜单页面

图 1-2-6　添加子菜单—填写基本信息页面

【想一想】

知乐庄园会需要哪些功能菜单与客户互动呢？你可以通过手机查阅并参考已上线的微信公众号，做出关于知乐庄园公众号的菜单规划。

✦ 小提示

在对"自定义菜单"设置时，最多可添加三个主菜单。每个主菜单下最多可添加五个子菜单，就是说，微信公众号中最多可以设置 15 个菜单链接。

（3）设置"投票管理"功能

1）在"功能"模块中选择"投票管理"菜单，如图 1-2-7 所示。

图 1-2-7　"功能"模块—投票管理页面

2）单击"新建投票"后出现如图 1-2-8 所示页面，在此页面填写新增投票的基本信息（可根据本书资源包提供的素材操作）。如果想要发起多个问题的投票问卷，单击"添加问题"即可；如果不再添加问题，则下拉页面并单击"保存并发布"按钮发布投票问卷。

图 1-2-8　投票管理—新建投票页面

3）此时回到投票管理页面，就能看见我们设置的一条投票活动。待活动开始后，即可以通过单击"详情"进入页面查看投票情况，如图 1-2-9 所示。

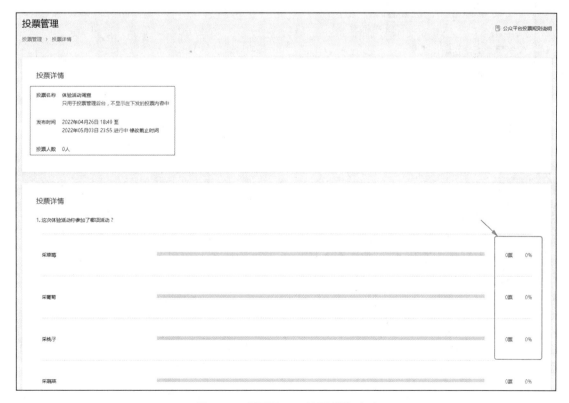

图 1-2-9　投票管理—投票详情页面

小提示

投票功能设置后，不能直接将链接应用于线上线下活动中，而是需要将投票功能在相关图文信息（公众号图文消息）中插入才可有效使用。

3 设置"管理"模块

在公众号模拟平台首页设置"管理"模块。

（1）设置"消息管理"功能

在"管理"模块中，依次单击"消息管理—全部消息—时间排序"，从下拉列表中的"时间排序""赞赏总额排序""留言总数排序""精选留言总数排序"中任选其一，并对管理的时间进行选择，如图1-2-10所示。

图1-2-10 "管理"模块—消息管理—全部消息页面

 小提示

在微信公众平台经常会出现这样的情况：首页"新消息"提示有几十条消息，但点进去后却看不到新消息。这是因为，在如图1-2-10的页面中勾选了"隐藏关键词"选项，使得所有与平台设置的关键词有关的消息均被自动隐藏。所以如果想看到与关键词相关的消息，取消勾选"隐藏关键词"即可。

（2）设置"用户管理"功能

在公众号模拟平台"管理"模块中，依次单击"用户管理—已关注"，打开如图1-2-11所示页面，对所有用户进行分组管理，可以通过单击"新建标签"，添加如"合法用户"、"非法用户"或"友好用户"等标签，把用户按照不同的组进行分类并打标签。

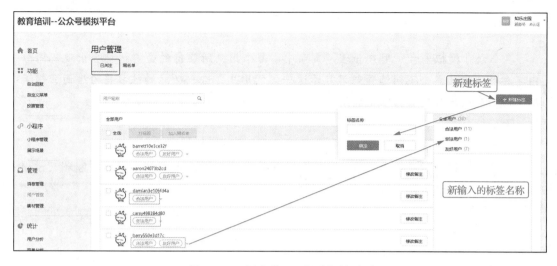

图 1-2-11　用户管理—新建标签页面

✎ 小提示

　　在用户名称前的复选框中打勾，即可为该用户"打标签"，将其放入不同的用户组中，如图 1-2-12 所示。

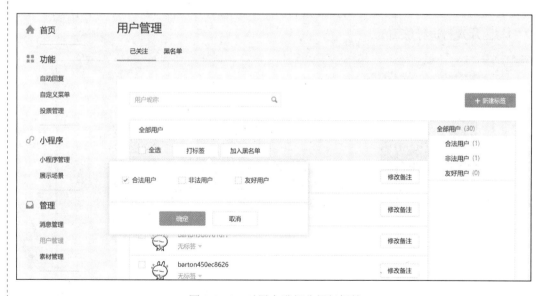

图 1-2-12　对用户进行分组打标签

　　同样可以勾选用户，将其"加入黑名单"，单击"确定"按钮即可完成设置。

✎ **小提示**

　　在公众号模拟平台"用户管理"页面中，每个用户所在行的最右边都会出现不同分组名称的选项，单击不同选项组只显示这一组的用户。这一功能的练习将为后面营销活动中的用户精准分类起到铺垫作用。同一用户可存在享有多重身份标签。

（3）设置"素材管理"功能

在公众号模拟平台"管理"模块中，依次单击"素材管理—图文消息—新建图文素材"，如图 1-2-13 所示，进入图文消息的编辑页面。

图 1-2-13　素材管理—新建图文素材页面

进入图文消息编辑页面后，可根据页面提示要求填写相关信息，创建图文信息（即在运维微信公众号时称为"单图文"的图文素材），如图 1-2-14 所示（也可根据本书资源包提供的文字与图片素材进行练习）。

图 1-2-14　图文消息编辑页面

完成图文信息创建后单击"保存"按钮，即可看到添加的"图文消息"，如图 1-2-15 所示。

图 1-2-15 图文消息管理页面

【想一想】

在素材较多的情况下，用哪些方法进行分组才能快捷有效地找到你想要的素材呢？

✦ 小提示

图文消息的单图文消息应注意填写摘要，如果没有填写摘要，后台会默认从正文中直接提取 120 字作为摘要，可能会发生语句不完整的现象。多图文最多可以添加 8 篇文章一起发布，但一般建议大家选择 3 篇左右为宜（一般手机整屏刚好显示为 3 篇左右）。

在"管理"模块中，依次单击"素材管理—图片"，进入图片素材管理页面，如图 1-2-16 所示。单击"上传"按钮，即可上传本地准备好的素材图片。当上传的图片素材较多时，可以考虑通过该页面中的"新建分组"对图片进行分组管理，便于在运维时查找相关图片素材。

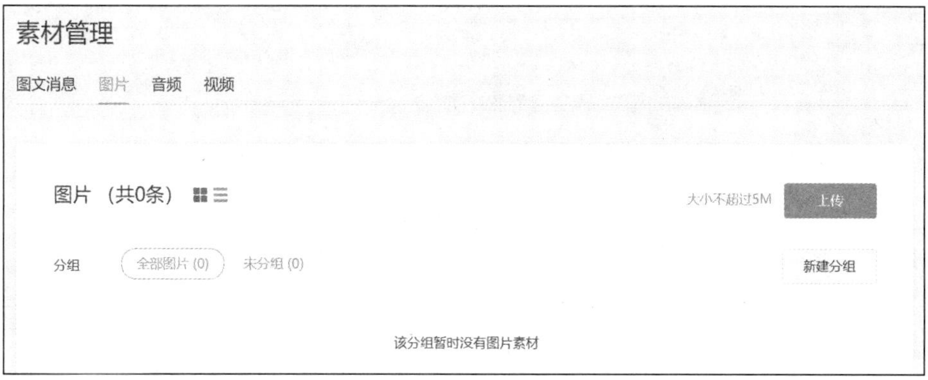

图 1-2-16 素材管理—图片页面

✏️ **小提示**

　　一般情况下，商家可以对不同栏目中不同页面的素材进行分组管理，便于在设计和制作过程中选取和调用素材。

　　"音频""视频"的管理与"图片"的管理方式基本相同。如果管理的微信公众号需要推送音频与视频文件的话，同样可以在后台选择添加相关文件，便于后期调用与推送。

4 查看"统计"模块

　　在公众号模拟平台首页，查看"统计"模块提供的相关数据。

　　说明：由于是公众号模拟平台，没有真实的微信公众号运维动态数据供查阅，我们可利用页面中右上角的"导入数据"功能，下载"数据模板"添加相关数据信息后上传，再练习本模块的数据查阅分析功能。在真实的微信公众平台中，不会有数据导入的功能，而且会随着平台功能的不断开发，可添加更多的查询方法和数据。

　　1）在"统计"模块中单击"用户分析"，即可查看"用户增长"相关统计数据，如图 1-2-17 所示。"用户分析"可以帮助商家获取用户新增人数、取消关注人数、净增人数、累积人数，以及用户的性别、年龄和所在地等信息。同样，"用户属性"可以帮助查看性别分布、年龄分布和语言分布的相关数据。

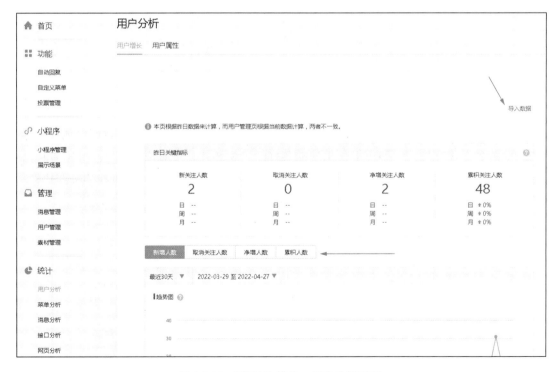

图 1-2-17 "统计"模块—用户分析页面

　　2）选择"菜单分析"菜单，即可跳转到"菜单分析"页面查看相关数据，如图 1-2-18 所示。"菜单分析"可以帮助商家获取菜单点击次数、菜单点击人数和人均点击次数等信息。

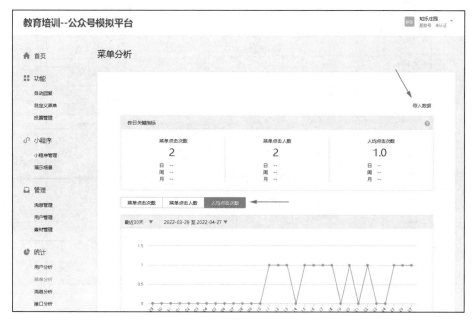

图 1-2-18　"统计"模块—菜单分析页面

3）选择"消息分析"菜单，即可查看相关数据，如图 1-2-19 所示。"消息分析"可以帮助商家获取关键指标详解、消息发送人数、消息发送次数和人均发送次数等信息。

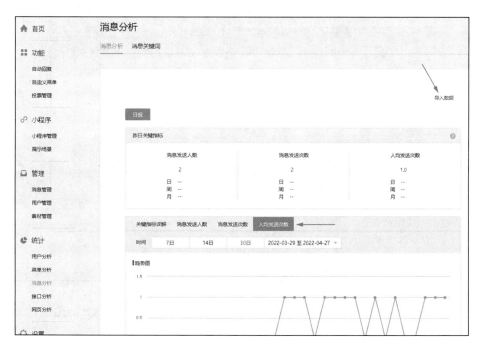

图 1-2-19　"统计"模块—消息分析页面

4）选择"接口分析"菜单，即可查看微信公众号相关接口被调用的数据，如图 1-2-20 所示。"接口分析"可以帮助商家获取关于技术层面的第三方绑定数据信息。

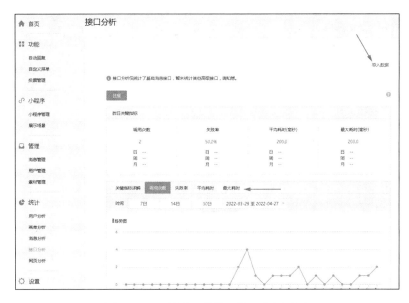

图 1-2-20 "统计"模块—接口分析页面

5）选择"网页分析"菜单，即可查看相关数据，如图 1-2-21 所示。"网页分析"可以帮助商家获取网页访问量及分享情况等信息。

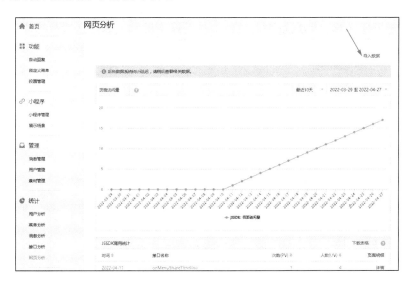

图 1-2-21 "统计"模块—网页分析页面

— ✎ 小思想大智慧 ✎ —

商务活动中数据要坚持真实可靠、实事求是、减少人为干扰的原则，防范统计造假。

📖 试一试

请你结合本任务的学习内容，试着下载数据模板并设计、导入知乐庄园的活动数据，然后通过公众号模拟平台"统计"模块的不同分析菜单来分析某次活动的相关信息。

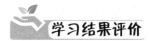学习结果评价

1. 请对照下表完成学习结果评价。

序号	评价指标	指标内涵	分值	得分
1	能自觉遵守微信公众平台运营规范	不触犯平台的运营规则	1	
2	能完整设置微信公众号模拟平台"功能"模块与"管理"模块的相关信息内容	是否完成	5	
3	会阅读与使用微信公众号模拟平台的"统计"模块各种分析功能	是否完成	4	
	总分		10	

2. 使用公众号模拟平台设计制作一个如图 1-2-22 所示的菜单项。

图 1-2-22　参考菜单图

在创建图示菜单的同时，我们思考一下，菜单中的内容与知乐庄园的线下目前已有的营销项目有何联系？或者是否合适？

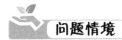问题情境

情境1：小信的知乐庄园可能还会需要增加哪些功能？你帮小信试试看。

在目前只有微信公众号的前提下，我们该利用好功能栏目下的"自动回复"功能，引导粉丝来关注和进入我们想要推荐的信息或者应用功能，来达到我们初步的营销目的。

情境2：在公众号运营过程中，如果发现除了平台上常用的功能外，还需增加一些功能使公众号更具特色，该如何处理呢？

微信公众号的实际应用功能十分有限，大多数功能只是提供了数据接口。微信公众平台与其他软件平台一样，会随着版本号的不断更新而升级。在实际运维工作中除了可以根据版本的不同进行自我探索外，你还可以通过网络

学习笔记

查阅相关的专业文档或贴子进行学习并反复尝试。如遇到较为专业的功能时，可以考虑通过第三方平台开发，将微官网的相关功能结合到微信公众号中来使用。

拓展提高

微信公众平台各个功能模块获取的数据在微信公众号的运营中占据着重要的位置，能够帮助我们检查出推广人员和推广工作是否有效，哪些推广渠道推送更有效果。通过不断分析和总结，商家可以有针对性地通过提升文章质量和推广效果，来最终达到预期的营销目的。

可获取的数据分析常用指标有如下几个。

1 阅读量

阅读量是指看到文章标题后打开文章的用户人数。只有文章标题和摘要吸引到用户，用户才会自然而然地打开文章阅读。因此通过阅读量，商家可以检验文章的标题和摘要是否有吸引力。

2 分享量

分享量是将文章分享到朋友圈或者其他平台渠道的用户人数。用户打开文章以后，看到喜欢的内容或者质量高的文章才会去分享，因此分享量反映了文章的质量。

3 点赞数

点赞数是指某一篇文章被点赞的数量，能够反映出文章的受欢迎程度。

4 留言数

留言数指的是用户的留言数量，在一定程度上反映出文章是否可以点燃用户的互动欲望。留言数能够帮助商家检验文章内容的有效性。

5 当日掉粉量

当日掉粉量是指当日取消关注的用户人数，此指标可以分析当日或近期文章内容是否迎合用户的心理。

6 当日净增量

当日净增量是指当日发表文章之后，微信公众号的用户净增长人数。计算方法为：当日净增量 = 当日增长用户数 - 当日掉粉量。一般只有文章分享转发后，才能引来新用户关注，因此这个指标与文章的分享量联系紧密。

任务 1-3 设置开发接口与绑定第三方平台

任务描述

设置好微信公众平台的一些常用功能之后，接下来就需要添加一些企业运营需要的个性化功能。微信公众平台自带有简单的运营功能设置，但功能过于简单，不能满足日益增加的营销需求。为了方便经营者，网络上有不少由第三方公司开发的针对运营功能而设计的平台（第三方平台）与插件。现在，为满足知乐庄园的运营需求，需要开发第三方功能平台。请你为小信设置相关的开发接口，将微信公众平台与第三方平台进行接口绑定。通过在第三方平台操作，将相关营销信息和应用功能在知乐庄园公众号上加以实现，同时使在关注过知乐庄园公众号的手机端可同步浏览信息和实现应用。

学习目标

◇ 知道微信公众号第三方平台的定义与类型。
◇ 会申请微信公众号测试号，并理解测试号上各参数的功能。
◇ 会将微信公众号与第三方平台绑定。
◇ 会设置微信公众号开发接口。
◇ 能够自觉遵守《微信公众平台运营规范》中的开发者规范。
◇ 学会正确和规范使用网络平台上的便捷工具。

思路与方法

问题 1. 什么是微信公众号第三方平台？它与测试号之间有什么关系？

微信公众号第三方平台是指由独立的企业服务商，以第三方的角色为微信客户提供一系列专业性服务的插件及网站平台。相对于微信公众平台提供的功能，第三方平台具有功能强大、操作方便、可视化程度高等特点。由于开发过程中，我们的微信公众号多处于日常运营状态中，不便于在第三方平台上直接作为测试使用，故微信公众平台提供了微信公众平台接口测试账号（简称测试号）申请，专门用于微信公众号功能开发时测试使用，它在功能上等同于微信公众号服务号的所有功能，只是不能作为正常的账号运营使用。当第三方平台顺利完成开发后，我们还需要将相关参数的设置转绑到正常运营的微信公众平台上，并通过测试，在正式上线后用于公司的日常业务运营中。

核心概念

· 微信公众号第三方平台
· 测试号
· 开发接口
· 二次开发

第三方平台主要用于新媒体运营，具有线下引流、门店服务、会员管理与营销等多种功能，大致可将所提供的功能分为以下四类。

① 展示型：微官网、微相册、营销推文（单图文、多图文）。

② 推广型：会员管理与营销、微社区、电子邀请函。

③ 互动型：微报名、微投票、各类营销游戏。

④ 成交型：微商城、微门店、各类场景服务等。

第三方平台与微信公众号是相互合作的互补关系。当拥有了第三方平台后，第三方平台作为日常运营的主要操控平台，它能够利用微信公众号提供的相关接口，为微信公众号带来许多原本没有或者不能实现的功能，如商城购物、在线客服等，如图 1-3-1 所示。

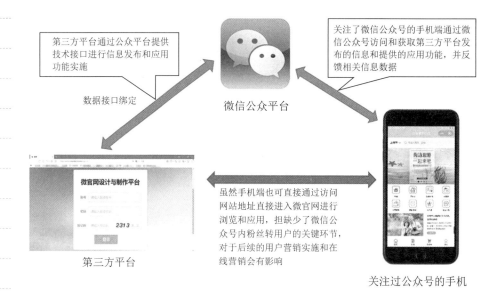

第三方平台通过公众平台提供技术接口进行信息发布和应用功能实施

数据接口绑定

微信公众平台

关注了微信公众号的手机端通过微信公众号访问和获取第三方平台发布的信息和提供的应用功能，并反馈相关信息数据

第三方平台

虽然手机端也可直接通过访问网站地址直接进入微官网进行浏览和应用，担缺少了微信公众号内粉丝转用户的关键环节，对于后续的用户营销实施和在线营销会有影响

关注过公众号的手机

图 1-3-1　微信公众号开发接口与第三方平台绑定的原理图

问题 2．设置开发接口与绑定第三方平台有什么作用呢?

开发接口就是软件系统不同组成部分衔接的地方，它就像是一条纽带，连接着微信公众号与第三方平台，辅助两者之间互相获取数据。通过开发接口回收反馈数据后，商家在第三方平台上可以直接看到微信公众号的信息；利用第三方平台，可以将微信公众号的内容设置得更美观，功能也更多样化，对企业运营以及业务推广大有益处。

例如，关注"中国工商银行客户服务"公众号，单击"服务"，可以看到用户与经营者交流的多个功能。设置开发接口与绑定第三方平台就是为了完成这些功能，如图 1-3-2 所示。

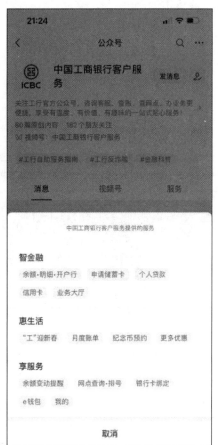

图 1-3-2　开发接口与绑定第三方平台的最终功能图

问题 3．第三方平台可以为微信公众号商业运营带来哪些好处？

1）第三方平台可帮助商家发展更多潜在的用户，并且帮助商家对用户进行有效的管理。

2）第三方平台能帮助商家策划和管理各种类型的商业运营活动，辅助微信公众号增加粉丝量和阅读流量，最终实现粉丝到用户的转换，提高实际购买能力。

问题 4．第三方平台的哪些功能可以帮助知乐庄园吸引目标用户呢？

下面推荐的这些功能可以帮助知乐庄园获得更多客户的关注和更高的点击量，如图 1-3-3（a）～（j）所示。

── 🖊 小思想大智慧 🖊 ────────────

信息社会，层出不穷的工具软件使得我们的工作越来越简便。找到合适的工具软件可以使工作事半功倍。运营微信公众号时，你还能找到哪些第三方平台？试试找出三个常用平台。

学习笔记

【全新会员卡系统】

全面替代传统会员卡

储值 消费 积分兑换 一个都不能少

（a）

【微信抽奖工具】

互动营销 引爆人气

大转盘、刮刮卡，水果达人 客户互动很轻松

（b）

【微信优惠券】

精美互动优惠券随心制作

向所有粉丝自助发行优惠券，
优惠券使用数据让你明明白白。

（c）

【预约报名系统】

通过微信报名预约

客户报名数据清晰可见，
和报名电话说再见吧～

（d）

图 1-3-3 常用第三方平台功能

【微信投票系统】

微信投票，最简单实用的投票系统，

客户随时随地的完成调查，
帮助企业收集市场数据。

（e）

【微信喜帖】

微信喜帖，玩出不一样的婚礼

喜帖通过微信发送；
亲朋好友在线祝福；
宾客名单实时统计.

（f）

【LBS 查询功能】

快速查找您周边的门店

回复您的当前位置，
快速找到周边离你最近的服务网点

（g）

【一键拨号 + 一键导航】

让客户快速找到你！

让微信实现 APP 的功能
却不用花费 APP 高额的开发成本！

（h）

图 1-3-3（续）

(i)

(j)

图 1-3-3（续）

能力训练

根据实训要求，利用微信公众号测试平台与第三方平台（模拟实训平台）进行开发接口绑定实验。

（一）操作准备

1 使用手机微信的扫一扫功能申请微信公众号测试号

在第三方平台开发测试过程中，信息和实际应用功能是不会直接在手机上显示和实施的，所以我们需要先申请一个微信公众号测试号，通过它模拟微信公众号服务号的作用，来实现和显示第三方平台的相关操作。

2 了解并在不同界面找到开发接口相关参数

在微信公众平台、微信公众号测试平台和第三方平台都会有同样的参数名称需要我们去设置，在设置操作前，我们应先来了解一下它们分别有哪些，都在不同平台的哪些地方，如图 1-3-4 所示。

图 1-3-4　开发接口相关参数

（1）AppID（应用 ID）

ID（identity document），也称为身份标识号，是身份证标识号、账号、唯一编码、专属号码、工业设计、国家简称、法律词汇、通用账户、译码器、软件公司等各类专有词汇的缩写。

AppID 可以理解为在微信公众平台所申请的账号对应的一个唯一编号，系统会通过这个编号来辨识对应的账号中发生的数据变化与传递。在测试号平台中同样也会得到一个唯一的编号，供我们进行实验使用。

（2）AppSecret（应用密钥）

AppSecret 的意思为"私匙"，简称 API 接口密钥，是和 App Key 配套使用的，可以将其简单理解成是密码，它是微信公众平台服务号才有的。AppSecret 和 App Key 是一对出现的账号，同一个 AppID 可以对应多个 App Key 和 AppSecret。App Key 和 AppSecret 配合在一起，通过其他网站的协议要求，就可以接入 API 接口调用或使用 API 提供的各种功能和数据。比如淘宝联盟的 API 接口，就是淘宝客网站开发的必要接入，淘客程序通过 API 接口直接对淘宝联盟的数据库调用近亿商品实时数据，做到了轻松维护，自动更新。

（3）URL（统一资源定位符）

URL（uniform rescource locator）是指 Internet 上标准资源的地址，用来指示资源的位置以及访问这些资源的协议。互联网上的每个文件都有一个唯一的 URL。可以这样理解，URL

是资源（文件）的网络地址，每一个网络资源都有固定且唯一的网络地址。一般情况下，直接单击这个地址就能打开或者下载这个文件。例如，常见的 URL 的格式为 https://www.baidu.com/index.php?tn=site888_pg。

本任务的资源在第三方平台上，所以测试号里需要获得第三方平台的 URL 信息。

（4）Token（令牌）

Token 在计算机身份认证中是"令牌"的意思，通俗点可以称其为"暗号"。不同的"暗号"被授权不同的数据操作。在这里可以视 Token 为一种身份验证，第三方平台只有在获取准确的 Token 后才能通过测试号与手机端进行信息和数据的交换操作。

（二）操作过程

登录第三方平台并单击"微信设置"菜单→复制"测试号管理"页面中的"appID"和"appscret"并将其粘贴到第三方平台"公众号绑定"页面相应位置→复制第三方平台"公众平台绑定"页面中的"URL"及"Token"信息并将其粘贴到"测试号管理"页面。

1 在线申请微信公众号测试号

1）打开电脑浏览器，在地址栏输入 http://mp.weixin.qq.com/debug/cgi-bin/sandbox?t=sandbox/login，登录微信公众平台接口测试账号系统，出现微信公众平台接口测试号申请页面，如图 1-3-5 所示。

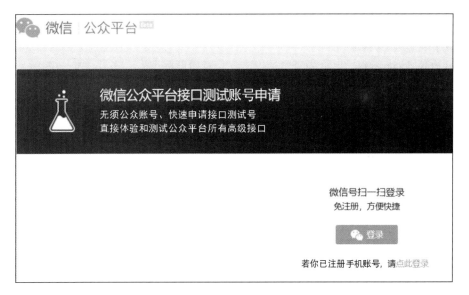

图 1-3-5　申请微信公众号测试号的页面

2）单击"登录"，出现一个二维码，用手机微信扫一扫识别二维码，即进入"测试号管理"初始页面，如图 1-3-6 所示。

图 1-3-6 "测试号管理"初始页面

微信号：就是扫码进入此"测试号管理"页面所使用的手机微信号。

appID：是这个测试号的身份标识码。

appsecret：是这个测试号的密钥。

URL：是从第三方平台获取资源所存放的地址，在实训时需要从微官网设计与制作实训平台上复制获取。

Token：即第三方平台提供的信息通行令牌。

JS 接口安全域名：JS 接口安全域名主要用于微信公众号，在进行微信公众号功能再开发时，在微信公众号后台需要填写 JS 接口安全域名进行绑定。当正确设置 JS 接口安全域名后，第三方平台可在该域名下调用微信开放的 JS 接口，网络用户才能够访问到网页。

2 绑定测试号与第三方平台

1）登录微官网设计与制作实训平台后单击"微信设置"选项卡，出现如图 1-3-7 所示页面。

2）复制"测试号管理"页面中的"appID"和"appsecret"并粘贴到微官网设计与制作实训平台对应栏中。粘贴成功后如图 1-3-8 所示。

图 1-3-7 "公众平台绑定"页面

图 1-3-8 设置开发接口、绑定第三方平台

3）复制如图 1-3-8 所示第三方管理平台"公众平台管理"页面中的"URL"及"Token"信息，将其粘贴到"测试号管理"页面相应的位置，单击"提交"按钮，如图 1-3-9 所示。

图 1-3-9　复制第三方平台 URL 与 Token 信息至"测试号管理"页面

4）在如图 1-3-8 所示的第三方平台"公众平台绑定"页面单击"类型"下拉框，选择"认证服务号"，此时页面下方会展开功能菜单，如图 1-3-10 所示。将"复制授权回调页面域名"文本框中信息（JS 接口信息）复制到"测试号管理"页面对应的地方并提交，如图 1-3-11 所示。

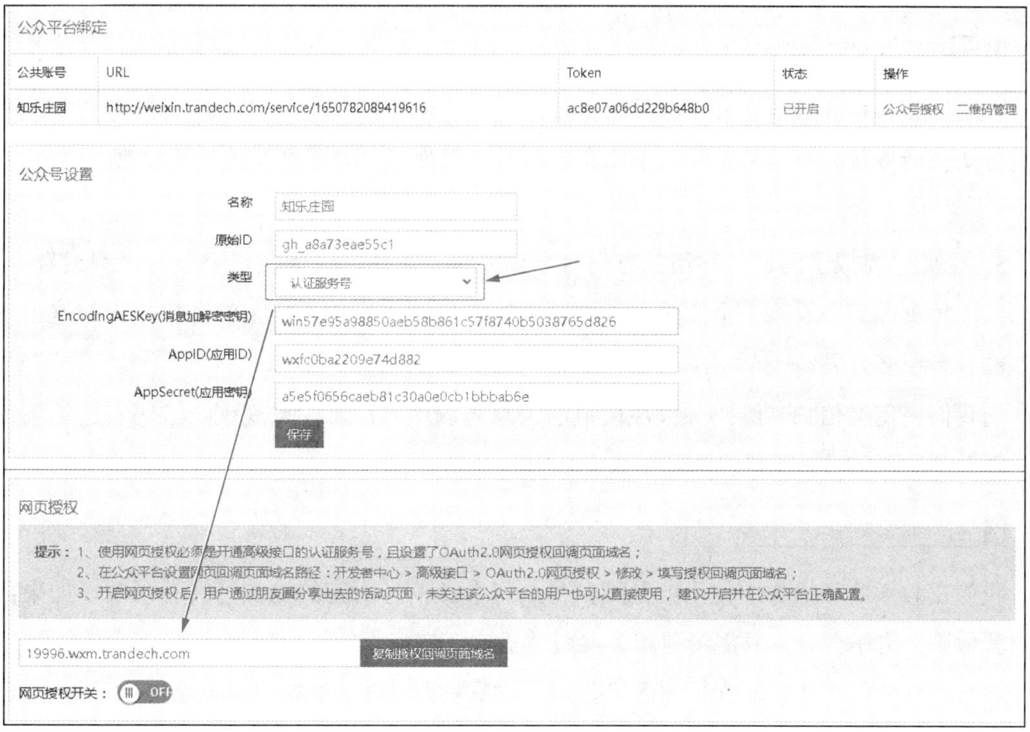

图 1-3-10　复制 JS 接口信息

图 1-3-11 "测试号管理"初始页面

5）至此，完成了测试号与第三方平台全部的绑定工作。返回微信公众号"测试号管理"页面，下拉页面后会看到一个二维码，如图 1-3-12 所示。用你手机上的微信扫一扫这个二维码，看看有什么效果？

当我们使用微信扫二维码并关注模拟的公众号测试号后，注意观察二维码右边的用户信息，看看你的微信号是不是已添加进去了。

3 解除绑定测试号与第三方平台

我们在教学实训操作中使用的是测试号，每个微信号对应的测试号只有一个，如果需要绑定其他第三方平台时，只需覆盖相关参数并提交，完成重新绑定即可。

那么，当我们需要解除真正的微信公众号与第三方平台的绑定时可以参考如下操作。

1）登录微信公众平台，输入账号密码登录。

图 1-3-12　完成测试号的绑定

2）选择"开发"菜单，单击"基本配置"，即可看到已经绑定的第三方平台提示：公众号已绑定某些第三方平台，个别功能将无法实现。

3）单击"提示"后面的"授权管理"按钮，即可看到具体的第三方信息。

4）单击详情，即可看到第三方授权详情页面，并在下方还可看到"取消授权"按钮。

① 如果确定要取消某个第三方平台，直接单击"取消"即可。

② 取消成功后会出现提示，之后自动跳转到"授权管理"，此时第三方平台的绑定已解除。

③ 取消前应注意查看并保存在第三方平台的内容或者资料，以免取消后无法找回。

📖 试一试

请你将微官网平台"微信设置"中的"首次关注"和"关键字回复"两个菜单设置完成，并使用手机扫描测试号二维码进行关注，最终把手机中接收到的信息记录在下面。

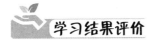 学习结果评价

1. 请对照下表检查学习任务的完成情况。

序号	评价指标	指标内涵	分值	得分
1	能自觉遵守微信公众平台的开发者规范	不触犯平台的开发规则	1	
2	会设置微信公众号后台开发模块	是否完成	3	
3	能绑定微信公众号第三方平台	是否完成	3	
4	会设置微信公众号后台开发接口	是否完成	3	
总分			10	

2. 操作题。

1) 请为知乐庄园微官网绑定一个微信公众号测试号，并能通过手机关注。

2) 为知乐庄园设计三个一级菜单、每个一级菜单下设计四个二级菜单，并能通过关注进行信息交流。

 问题情境

情境1：第三方平台很多，该如何找到合适自己的那个？

微信第三方平台有管理平台、运营平台之分，一般都要收费，所以选择一个合适的很重要，不要想着用很多平台，这样你就会花多个平台的费用。

各个第三方平台的功能都有一定的侧重点，你在网上多看看用户评论后再做选择，选择一个可以使你的微信公众号更有吸引力的第三方平台。

情境2：学生没有个人微信号时，不能进行正式操作，该如何处理？

建议你申请一个个人微信号，方便完成相关学习任务。

 拓展提高

1 什么是二次开发

由于公众号的基础功能相对比较简单，无法满足企业运营的需求，因此就需要在原有功能的基础上，添加一些新的功能（如购物功能、客服功能和微官网等），这就是二次开发。二次开发可以进行品牌传播，建立品牌官方微

信，借助目标用户和朋友圈推送信息，实现病毒式传播效果；也可以进行二维码订阅，通过发布公众号二维码，让微信用户随手订阅品牌信息；同时还能够进行消息推送，通过用户分组和地域控制，让信息精准化影响目标用户。

2 什么是微信开放平台

对于微信公众号的再开发，你了解微信开放平台吗？

微信公众平台是运营者通过公众号为微信用户提供资讯和服务的平台，而微信公众平台提供的各种开放接口则是为二次开发提供各种服务的基础。

微信公众平台开发是指为微信公众号进行业务开发，为移动应用、PC 端网站、公众号第三方平台（为各行各业公众号运营者提供服务）的开发。在开发过程中，一般需要从商家的微信公众平台中获取对应的接口权限，用来打通微信、微信公众号和二次开发程序间的数据互通。

为了保护商户微信公众号的账号访问安全，腾讯公司特意提供了"微信开放平台"给第三方开发人员或公司使用，开发人员不用再登录商家的微信公众平台，只要在微信开放平台注册账号后，通过商家授权一样可以获得相关数据接口的绑定和数据互通，这样就大大减少了商家微信公众号账号与密码泄露的风险。

微信开放平台网址：https://open.weixin.qq.com/。

如果你有兴趣了解更多的微信第三方平台开发技术，可以登录微信开放平台的官方网站，进入"资源中心"查找和获取你所关心的开发资料。

--- ✒ 小思想大智慧 ✒ ────────────

你的信息化素养与技能在学习中得到了很大提升，但不能用你的技能去做违法的事，比如试图窃取账号和密码等。遵纪守法是每个公民的责任和义务。

模块 2

搭建微官网

小信已成功为知乐庄园申请了一个微信公众号，将该微信公众号与第三方平台进行了绑定，并设置了相关的应用功能，现在可以准备搭建知乐庄园的微官网了。

一个成功且能协助企业营销的微官网，不能仅局限于简单的图文展示，它还应拥有会员管理和促进营销的各类线上活动作为辅助。

首先，我们要根据企业营销的需求进行简单的调研，并规划好微官网搭建的蓝图。根据需求收集和准备好涉及企业产品营销相关的文字、图片和视频等素材，并将它们按第三方平台的文件格式要求进行处理。同时，要熟悉用于搭建微官网的第三方平台的各项菜单功能的设置方法，争取将企业要求的微官网各项功能在第三方平台上完美实施。其次，在企业营销中会员是必不可缺的，从微信公众号内的粉丝到微官网营销中的会员，都将成为企业的无形资产。在微官网设计中增加许多有吸引力的活动与互动项目，协调线上线下的各类产品营销活动，使更多的微信公众号粉丝顺利转换成为微官网的会员，不流失、不潜水，让众多会员真正成为企业产品的消费群体，这也是微官网搭建的初衷。

【模块学习目标】

1. 按需求准备好搭建微官网的各种素材。
2. 规划微官网蓝图，选模板搭建微官网基础框架。
3. 编制微官网所需的各项展示内容。
4. 设计并应用微官网的微活动与微互动。
5. 通过第三方平台，部署有吸引力的会员策略，提高会员的黏性。

本模块职业能力分析表

学习内容	任务规划	职业能力
搭建微官网	准备微官网搭建的各类素材	会根据微官网搭建要求收集与准备好各种素材
	规划并搭建微官网基础框架	会根据企业需求设计微官网框架
		会按照设计需求进行微官网模板选择与基础设置
	编制微官网展示内容	会撰写并制作资讯中心内容
	设置微官网活动与互动项目	会设计并制作微活动
		会设计并制作微互动
	设置微官网会员基础信息	会设置微官网会员基础信息和管理
	设置微官网会员营销系统	会运用微官网会员系统部署会员营销策略

任务 2-1　准备微官网搭建的各类素材

任务描述

在搭建知乐庄园的微官网之前，需要你和小信一起收集、整理知乐庄园搭建所需的各类素材，并且根据第三方平台的文件格式要求进行必要的制作与管理，为未来网站搭建、更新及营销运营做好充分准备。

学习目标

◇ 知道图片、视频、音频素材的基本规格及网站搭建平台对文件格式的要求。
◇ 能进行图片、视频、音频素材基本处理与管理。
◇ 能进行微官网相关文字资料的编撰。
◇ 养成良好的素材分类管理习惯。
◇ 在收集、整理图文资料中注意版权问题，不随意使用未经授权的图文资料。

思路与方法

问题1. 如何了解第三方平台对素材文件的格式要求？

在实施微官网搭建的第三方平台中，通常在需要上传图片的地方会有"图片建议尺寸：720像素*400像素"等相关的文字内容提示，如图2-1-1所示。在语音素材管理的页面中，也会有"语音大小限制：5M，长度限制：60s，支持格式：mp3，wma，wav，amr"等相关的文字内容提示，如图2-1-2所示。我们在整理收集素材前，需要将这些相关的信息记录下来，便于后面素材处理中使用。

核心概念

· 网站搭建所需素材的格式
· 第三方平台对文件格式的要求
· 图文资料版权

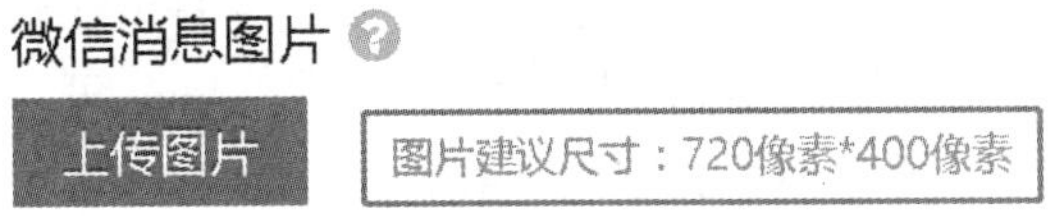

微信消息图片 ❓

[上传图片]　图片建议尺寸：720像素*400像素

图2-1-1　图片建议尺寸举例

问题2. 如何为微官网选择合适的图文素材？

1）必须找到与微官网定位相契合的素材。例如，某微官网的定位为自然科学，但推送内容常为小说、故事类文章，定位与推送内容不一致，会导致目标用户的流失和阅读量的下降。本书中的知乐庄园为农家乐，定位人群为在大城市中生活的人群，所以图文信息可更多体现乡村特色，有回归自然的本色，这样可以吸引喧嚣城市中生活的人来此度假。

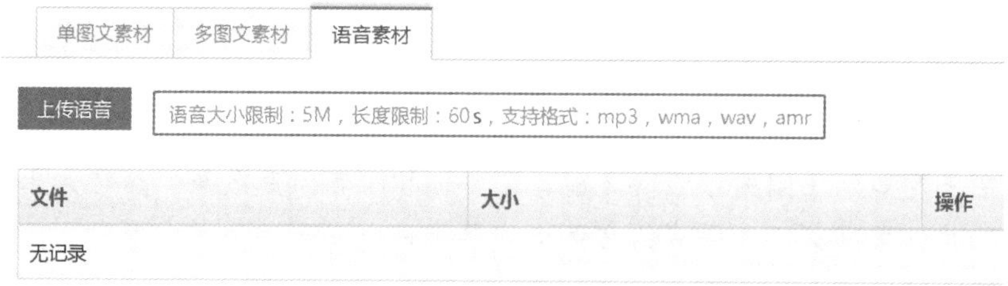

图 2-1-2 语音素材文件要求举例

【想一想】

还有哪些素材适合设计制作知乐庄园农家乐微官网呢？请写在下面。

2）要对用户的喜好进行分析，调研用户喜欢哪些类型或主题的内容。例如，我们可以对微信公众号后台的文章内容阅读数据进行分析，调研哪些文章内容的点击量和阅读量更高，从而确定准备推送的内容类型或主题。假如大家对知乐庄园公众号采摘类文章的热度较高，我们就要多收集一些本公司项目中关于采草莓、摘葡萄等相关的照片与文章。

问题3. 以知乐庄园为例，在搭建网站前，我们需要收集哪些相关的文字信息呢？

在网站搭建前我们会收集相关的素材文件，但往往会忽略对文字信息的整理，而当我们面对平台开始完成网站搭建工作的时候才会发现，很多的文本内容是需要我们提前准备好的。

在我们进入网站基础搭建部分时就会遇到以下几个问题。

1）微官网名称：一个优秀的网站和一个优秀的微信公众号一样，需要有一个响亮而又容易记住的名字，我们在建设网站前是不是该给网站起个响亮的名字呢？可能你会觉得起个名字很简单，但是作为商业运作的网站，"名字确定权"可不是儿戏，是需要企业方与设计制作方共同协商后，由企业方授权认可，网站的名字才算敲定。当然，在这个过程中，我们作为设计师，也可以提出相关建议供企业方参考，例如，公司的全名可能是上海市知乐庄园有限公司，那么网站名称可以直接为"知乐庄园"，logo 可沿用企业已有的。

2）回复关键词：关键词的设置可能在微信公众号内我们已经遇到过，是设置一个或一组词语。依据设定的关键词词语，我们会在后台赋予它相关的文字、图片内容，乃至文章或网站链接。当粉丝或者客户在微信公众号或者微官网平台上输入指定的词语（关键词）时，系统就会把指定的文字、图片、文章内容或网站链接自动回复并展示给他。好的关键词也是粉丝记住你的理由。

3）微信消息标题、微信消息图片、微信消息摘要。为什么会出现以上三个名称呢？在微信公众平台和微官网内，当我们向粉丝或用户微信端推送信息时常常会见到这三种类型的内容一起出现，所以也有运维人将其戏称"三件套"。从字面含义看，它们的作用是相辅相成的，"标题"也可称为题目；"图片"其实就是用图来展示说明题目；"摘要"是用更多的文字来解释标题和图片的含义。这三者是微信端推送信息时缺一不可的，也可以理解为在我们向粉丝或用户推送信息时，他们第一时间看见的不是网站的首页，而是看见这三种内容元素，会因此对公众号或微官网形成第一印象，所以至关重要。标题编撰时不宜过长，图片根据第三方平台建议的尺寸提供，摘要的文字内容尽可能控制在 100 字以内为佳，如图 2-1-3 所示。

图 2-1-3 微信"三件套"

（一）操作准备

1 收集知乐庄园的图文信息

为保证制作的微官网具有可读性，对所收集的素材要进行分类，根据微官网的定位，有引导性地将相应的文本、图片和视频资源按不同文件夹分别保存；在收集图片、音频、视频素材时，尽可能收集高清文件，素材的数量不宜过少。

2 微官网素材的收集与管理流程

我们从不同渠道获得的素材可能是设计师制作的原始文档，也可能是网上素材库下载未经任何修饰的元素，这就需要我们对素材进行必要的加工处理。

【写一写】

请你为知乐庄园农家乐微官网编撰一篇微信推送的营销文案（字数控制在 100 ~ 200 字），想一想你打算如何推荐这家新农家乐呢？请写在下面。

认识图片、音频、视频文件格式→了解第三方平台对文件格式的要求→对素材文件的格式进行转换→素材文件的分类整理。

─ ✎ 小思想大智慧 ✎ ──────────────────────────────────

下载网上素材时，请务必注意图片与素材是否具有版权归属。不可采用非法手段获取他人版权素材。在收集素材时一般不能采用有人物头像的图片。

（二）操作过程

1 网页制作中常见的素材文件格式

（1）图片素材格式

1）BMP。BMP（Windows 标准位图）是最普遍的点阵图格式之一，也是 Windows 系统中的标准格式，是将 Windows 系统中显示的点阵图以无损形式保存的文件，其优点是不会降低图片的质量，但文件大小比较大。

2）JPG/JPEG。JPG/JPEG 也称为联合图形专家组图片格式，最适合于使用真彩色或平滑过渡式的照片和图片。该格式使用有损压缩来减少图片的大小，因此用户将看到随着文件的减小，图片的质量也降低了，当图片转换成 JPG 文件时，图片中的透明区域将转化为纯色。

3）PNG。PNG 也称为可移植的网络图形格式，适合于任何类型，任何颜色深度的图片。也可以用 PNG 来保存带调色板的图片。该格式使用无损压缩来减少图片的大小，同时保留图片中的透明区域，所以文件也略大。尽管该格式适用于所有的图片，但有的 Web 浏览器并不支持它。

4）GIF。GIF（图形交换格式）最适合用于线条图（如最多含有 256 色）的剪贴画以及使用大块纯色的图片。该格式使用无损压缩来减少图片的大小，当用户要保存图片为 GIF 时，可以自行决定是否保存透明区域或者转换为纯色；同时，通过多幅图片的转换，GIF 格式还可以保存动画文件。但要注意的是，GIF 最多只能支持 256 色。目前，网页上较普遍使用的图片格式为 GIF 和 JPG（JPEG）这两种图片压缩格式，因其在网上的装载速度快，所有较新的图像软件都支持 .gif、.jpg 格式。

5）PSD。这是 Adobe 公司的图像处理软件 Photoshop 的专用格式（photoshop document，PSD）。PSD 其实是 Photoshop 进行平面设计的一张"草稿图"，它里面包含有各种图层、通道、遮罩等多种设计的样稿，以便于下次打开文件时可以修改上一次的设计。在 Photoshop 所支持的各种图像格式中，PSD 的存取速度比其他格式快很多，功能也很强大。

6）AI。AI（Adobe Illustrator）是美国 Adobe 公司出品的一款矢量处理软件。AI 格式文件是一种矢量图形文件，适用于 Adobe 公司的 Illustrator 软件的输出格式，与 PSD 格式文件相同，AI 格式文件也是一种分层文件，用户可以对图形内所存在的层进行操作，所不同的是，AI 格式文件是基于矢量输出，可在任何尺寸大小下按最高分辨率输出；而 PSD 文件是基于位图输出的。与 AI 格式类似，基于矢量输出的格式还有 EPS、WMF、CDR 等。

7）CDR。CDR 格式是绘图软件 CorelDRAW 的专用图形文件格式。CorelDRAW 是一款由 Corel 公司开发的矢量图型编辑软件。它包含两个绘图应用程序：一个用于矢量图及页面设计；一个用于图像编辑。该软件提供的智慧型绘图工具以及新的动态向导可以充分降低用户的操控难度，允许用户更加容易精确地创建物体的尺寸和位置，减少点击步骤，节省设计时间。该软件套装为专业设计师及绘图爱好者提供了简报、彩页、手册、产品包装、标识、网页等相关设计可能性。

（2）音频素材格式

1）MP3。MP3 是一种音频压缩技术，其全称是动态影像专家压缩标准音频层面 3（moving picture experts group audio layer III），简称为 MP3。它被设计用来大幅度地降低音频数据量。利用 MP3 的技术，将音乐以 1 ∶ 10 甚至 1 ∶ 12 的压缩率，压缩成容量较小的文件，而对于大多数用户来说，重放的音质与最初的不压缩音频相比并没有明显的下降。

2）WAV。WAV 简称 WaveForm，WAV 是其缩写，也称为波形文件，可直接存储声音波形。在 Windows 系统中，WAV 格式音频文件较为常见，它是微软公司专门为 Windows 开发的一种标准数字音频文件，该文件能记录各种单声道或立体声的声音信息，并能保证声音不失真。但是 WAV 有一个非常大的缺点，即文件占用的磁空间非常大，但是，WAV 文件还原的波形曲线十分逼真，音质也非常好。

3）WMA。WMA（windows media audio）是微软公司推出的一种音频文件格式。WMA 在压缩比和音质方面都有着出色的表现，可以媲美 MP3 文件，在较低的采样频率下也能产生较好的音质。WMA 也属于有损的音频文件压缩格式，但是因为其文件占用磁盘空间少，较为方便存储和传播，深受用户喜爱。

4）FLAC。FLAC 属于无损失音频文件压缩格式，使用此编码的音频数据几乎没有任何信息损失。FLAC 全称为 free lossless audio codec，中文名为无损音频压缩编码。该文件占用空间较大，适合存储于计算机硬盘或者大容量手机之中，适合音乐发烧友用户使用。

（3）视频素材格式

1）MOV。苹果系统中常用的音频、视频封装格式是 QuickTime 封装格式。目前，此格式文件在 Windows 系统中也较为常用，多数手机和系统可以直接播放该格式文件。

2）AVI。由微软公司发布的 AVI 视频格式，在视频领域中可以说是最悠久的格式之一。AVI 格式调用方便、图像质量好，压缩标准可任意选择，是应用最广泛、也是应用时间最长的格式之一。

3）MP4。MP4 是一套用于音频、视频信息的压缩编码标准，MP4 格式的主要用于网上流媒体、光盘、语音发送（视频电话），以及电视广播。

4）FLV。FLV 是 FLASH VIDEO 的简称，FLV 流媒体格式是一种新的视频格式。由于它形成的文件极小、加载速度极快，使得网络观看视频文件成为可能，它的出现有效地解决了视频文件导入 Flash 后，使导出的 SWF 文件体积庞大，不能在网络上很好地使用等缺点。

5）WMV。WMV 是一种独立于编码方式的在 Internet 上实时传播多媒体的技术标准，Microsoft 公司希望用其取代 QuickTime 之类的技术标准以及 WAV、AVI 之类的文件扩展名。

2 第三方平台对相关素材文件格式的要求

这里以微观网设计与制作实训平台为例，列出一些第三方平台对相关素材文件格式的要求。

1）微信消息图片：图片建议尺寸为 720px×400px。

2）微官网 LOGO 图片：图片建议尺寸为 90px×90px。

3）背景音乐文件格式：支持 MP3 格式音频文件（注意不宜过长，以免影响手机端读取速度）。

4）横版幻灯片图片：最多支持上传 5 张图片；图片格式为 JPG、PNG、BMP、GIF；并非所有模板都支持幻灯片功能，是否支持请参考所选模板的风格提示；图片最佳分辨率，一般建议使用尺寸为 720px×400px 或近似比例图片。

5）模板背景图片：首页背景图是指在微官网首页展示的一张静态背景图片；支持图片上传格式为 JPG、PNG、BMP、GIF；并非所有模板都支持首页背景图，是否支持参考所选模板的风格提示；图片最佳分辨率，一般建议使用尺寸为 1920px×1080px 或近似比例图片。

6）导航按钮图片：建议使用尺寸为 79px×79px。

7）站点标题图：建议使用尺寸为 90px×90px。

8）站点栏目焦点图片：建议使用尺寸为 720px×400px。

9）资讯中心添加资讯小图：建议使用尺寸为 200px×200px。

10）优惠券 LOGO：图片建议尺寸为 90px×90px。

11）各类活动、互动设置中使用的微信消息图片：一般建议使用尺寸为 720px×400px。

12）微相册中使用的图片：一般建议使用尺寸为 720px×400px；图片水印建议尺寸的宽度不超过 150px，高度不超过 60px。

13）微留言顶部图片：建议尺寸为 640px×152px。

14）微社区 LOGO：图片建议尺寸为 300px×300px。

15）会员卡背景图：建议尺寸为宽 534px× 高 318px。

16）会员卡 LOGO：建议尺寸为宽 152px× 高 70px。

17）微商城商品主图：图片建议尺寸为 640px×640px。

18）微商城商品轮播图片，最多上传 5 张图片，图片建议尺寸为 900px×500px。

19）语音素材：语音大小限制为 5M，长度限制为 60s，支持格式有 MP3、WMA、WAV、AMR。

20）视频文件插入链接方法：由于视频文件容量过大，所以平台只支持以插入链接方式导入视频文件。你可以先将视频文件上传至网站上并通过审核后，再复制链接应用在平台上。

3 素材文件的格式转换

素材文件格式的转换工具有很多，可以在线转换也可以线下转换。下面以"格式工厂"这款线下软件作为工具，来尝试完成图片、音频、视频文件格式的转换工作。

（1）下载并安装格式工厂

在浏览器地址栏输入"http://www.pcgeshi.com"，进入格式工厂官网，单击"立即下载"

按钮，下载格式工厂客户端，如图 2-1-4 所示。

图 2-1-4　格式工厂官方网站首页

软件安装完成后，双击桌面上的"格式工厂"图标，进入格式工厂的主界面，如图 2-1-5 所示。

图 2-1-5　格式工厂主界面

（2）图片文件格式转换

随着互联网的不断发展，出现图片格式新宠 webp，现在我们从网上下载的图片很多是 webp 格式的。虽说 webp 格式有多种优点，但下载的图片无法通过常规软件编辑、浏览，只有通过转换成常规格式后才能使用。除了使用 Photoshop 等专业软件处理外，我们其实也能使用格式工厂来解决这个问题。

注意　从网上下载图片使用时务必不能侵权。

下面通过"格式工厂"将下载的 1122 农家乐 -2.webp 图片素材文件转换成 JPG 格式的图片文件。

在"格式工厂"主页面中，点选左侧的快捷菜单，选择"图片"格式转换工具栏，并选择 JPG 格式图标，弹出图片格式"添加文件"对话框，如图 2-1-6 所示。

图 2-1-6　设定图片转换格式

单击"添加文件"按钮找到并选择已下载的文件 1122 农家乐 -2.webp 确认添加，并设置转换完成后的素材文件保存位置为"输出至源文件目录"，单击"确定"按钮，如图 2-1-7 所示。

图 2-1-7　格式转换前的设置

当软件返回到主页面时，webp 文件已经处于等待转换状态，我们只需单击"开始"按钮，"格式工厂"就会自动完成图片格式转换工作，如图 2-1-8 所示。

图 2-1-8　文件处于等待转换状态

此时，我们点选已完成的文件队列时，右侧会显示文件夹图标，单击打开就能找到我们通过转换后获得的 JPG 格式的素材文件，如图 2-1-9 所示。

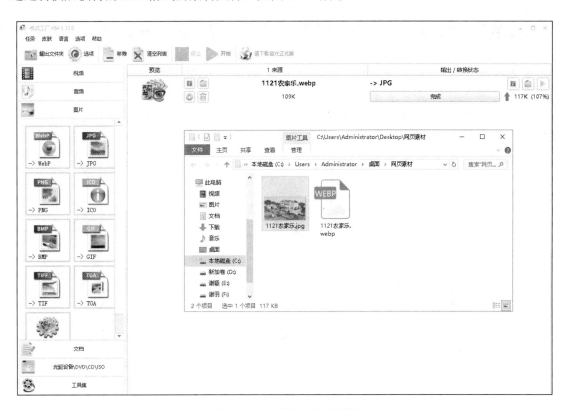

图 2-1-9　文件格式完成转换

（3）视频格式转换

下面将一个 MP4 格式的视频文件，转换为 FLV 格式的视频文件。

单击主页面"视频→ AVI FLV MOV…"，弹出视频格式"添加文件"对话框，如图 2-1-10 所示。

图 2-1-10 设定格式视频

　　单击"添加文件"按钮，弹出"请选择文件"对话框，如图 2-1-11 所示。查找并选中文件后，单击"打开"按钮，图 2-1-10 对话框发生变化，待转换文件已完成添加，如图 2-1-12 所示。

图 2-1-11 添加文件窗口

图 2-1-12 待转换文件选择完成

在对话框左上方"输出格式"列表框处选择 FLV 格式，在对话框左下方选择输出文件的储存位置，如图 2-1-13 所示。

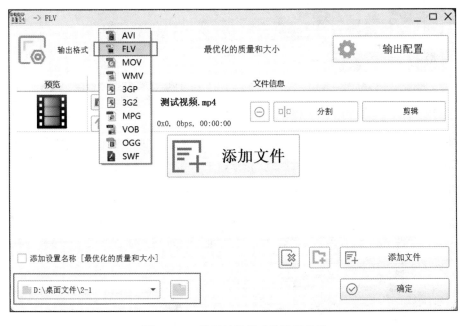

图 2-1-13 选择转换格式及输出位置

单击"确定"按钮，此时软件会跳转到"格式工厂"的主页面，可看到文件已处于等待进行格式转换状态，如图 2-1-14 所示。

图 2-1-14 准备进行视频格式转换

单击页面上方"开始"按钮,"格式工厂"就开始进行文件格式转换工作,如图 2-1-15 所示。

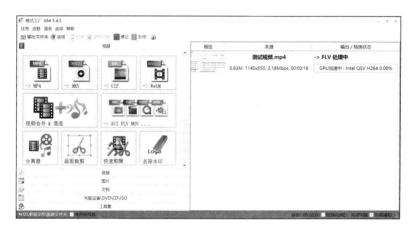

图 2-1-15 视频格式转换中

格式转换完成后,单击" 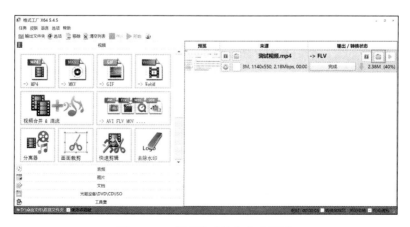 "图标,如图 2-1-16 所示,即可查看保存在指定位置中转换完成的文件,视频文件的格式转换工作到此完成。

图 2-1-16 视频格式转换完成界面

　　格式工厂除了可以用作图片、音频、视频文件的格式转换以外，是否还可以进行音频、视频文件的剪辑呢？试试看吧。

4 素材文件的分类整理

（1）资料整理的注意事项

　　根据微官网栏目对应的相关文件夹进行资料整理，一般会有文字、图片及音频、视频等素材文件需要我们处理。

　　1）文字：根据网站策划的需求，收集、整理、编纂相关的文字内容，一般每段文字的长度控制在 120～200 字，防止页面过短或过长影响客户的阅读体验。

　　2）图片：根据微官网搭建平台对相关素材的要求，整理及处理相关图片素材，使图片能配合微官网搭建平台对图片文件的格式要求，尽可能做到每个栏目都图文并茂，如图 2-1-17 所示。

图 2-1-17　整理好的图片素材文件夹

　　3）视频：微官网制作中避免使用大量视频，如使用视频，请将时长控制在 20s 以内（部分地方可以考虑使用 GIF 动态图片替代视频特效），避免影响手机端打开微官网的速度及客户的浏览体验。

（2）按页面框架建立文件夹

　　在制作微官网时，尽可能养成按页面框架建立文件夹的习惯。形成良好的资源管理习惯，是一个技术人员的基本素质。

　　1）文件和文件夹的命名。首先要为所有素材文件和文件夹使用统一的命名规则，方便后续查看和检索；其次，从排序的角度上来说，我们常用的文件或文件夹在起名时力求简短，可以加入一些特殊的标识符，便于文件排序检索。

学习笔记

2）注意区分文件状态。在文件管理过程中，注意及时做好文件的更新工作（更新文件时看清文档保存时间的先后顺序，做好备份工作），删除无效文件，可大大提高我们的工作效率。

3）注意文件夹结构层级。

分类的细化必然带来结构级别的增多，级数越多，检索和浏览的效率就会越低。建议整个文件夹结构最好控制在二级或三级；另外，文件夹级别最好与网站的结构级别相结合。

同类的文件名字可用相同字母前缀来命名。例如，图片目录用 image，多媒体目录用 media，文档用 doc 或 docx 等，方便查找。同类的文件最好存储在同一目录下。

文件夹内的项目不应过多，一个文件夹内保持在 50 个以内的项目数是比较容易浏览和检索的。

 学习结果评价

1. 请对照下表检查学习任务的完成情况。

序号	评价指标	指标内涵	分值	得分
1	能进行图片、音频、视频素材的简单处理	对图片、音频、视频素材文件格式的处理能符合实训平台的要求	2	
2	能根据要求针对微信消息图片编写微信消息标题和微信消息摘要	编写的微信消息标题和微信消息摘要能配合微信消息图片，且符合实训平台要求	3	
3	能独立进行创建、重命名、删除分组，对微观网图片素材进行合理分组	分组名称准确，图片放置合理	2	
4	能完成 1 篇营销文案（字数控制在 200 字以内）	编撰一篇知乐庄园的活动营销推文	2	
5	能注重图片、音频、视频等素材的应用版权。	在查找和处理相关素材时能注意素材的版权问题，做到不侵权	1	
总分			10	

2. 请根据所给的素材包，按照微官网设计与制作平台对文件格式的要求，为知乐庄园整理网站素材。

问题情境

情境1：微官网后台图片素材无法上传，该如何处理？

上传素材前，应先查看素材文件的尺寸及容量大小，按平台对图片格式要求的参数进行修改后再执行上传。

情境2：在正式使用外网推送图文信息时，有什么监管要求？

经营一个微官网，要遵守国家相关的法律法规，图片应优先选择根据企业产品的特点自己原创制作的，再考虑到专业素材网站查找图片，包括无版权可商用的图片，或者有版权付费后可商用的图片。千万避免使用图片时侵犯他人的版权。

对于文字内容也要遵纪守法，提倡原创，不转发未经证实的内容，不涉及个人隐私等。

拓展提高

新媒体文案写作步骤

文案写作是每个新媒体运营人必备的工作之一，也是步入这一岗位的"小白"所面临的第一课。随着新媒体运营的快速发展，各式各样的文案五花八门，层出不穷。为什么有的文案能够发挥其引流、拓客、宣传、推广等作用，但是有的文案却无人问津？一般完成一篇好的方案应该做到以下几点。

1）明确写作目的：明确目的对一件事情的成功能起到指导作用。

2）确定文案目标：确定文案目标可以使产品达到较好的营销效果。

3）输出文案创意：①日常积累，视频、广告、生活、书籍都可以积累灵感；②信息反馈，通过对用户需求进行深刻剖析，往往可以得到更准确的创作题材；③自带流量的热点，无论企业媒体还是自媒体，都喜欢追热点题材，要注意对题材加以判断及用户环境和渠道的判断。应遵守国家对网络传播内容的要求。如何找到热点呢？我们可以通过百度搜索风云榜、知乎热门、微指数等数据工具去寻找。

4）听取相关建议：好的文案是一步步完善的；集思广益，能汇聚更多有用的信息。

5）文案复盘：文案未发出前，将工作内容加以梳理，总结优缺点；文案发出后，根据目标受众的反馈建议进一步总结经验。

新媒体编辑工作不是简单的文字编辑工作，每一篇文章的背后都承载着对用户需求的洞察，都暗藏着解决问题的办法，都是一次获取忠实用户的机会，我们应该认真对待。

— 小思想大智慧 —

作为一名媒体文稿写作者，要以正面宣传为主，弘扬主旋律，传播正能量，贯彻发展理念，为促进经济社会持续健康发展注入新活力。

任务 2-2　规划并搭建微官网基础框架

任务描述

在任务 2-1 中，我们做好了搭建微官网前要做的准备，你也已经为知乐庄园微官网的搭建收集了很多素材。现在需要你将这些文字、图片和音频、视频文件根据企业营销的需求把它们联系起来，搭建成知乐庄园微官网，并且结合你申请的微信公众号，展示知乐庄园的所有信息。

学习目标

◇　了解微官网的规划步骤及方法。
◇　知道微官网平台模板的分类，并会根据应用场合选择模板。
◇　能完成微官网平台的网站基础设置。
◇　会根据规划要求设计微官网框架。
◇　认识微官网对公众和个人造成的影响。

思路与方法

核心概念

· 网站规划
· 微官网模板选择
· 微官网框架搭建

问题 1. 如何为企业网站做好网站规划呢？

网站规划是指在网站建设前确定网站的主题和建站目标，对网站目标定位，进行内容规划和功能规划。规划的主要内容应该包括对网站构建目标的确立和开展的业务分析、网站目标客户分析、网站市场定位分析等步骤。

网站的建设要从企业的战略规划出发，根据自身的优势、特点准确地定位网站，明确网站的功能。例如，一提到京东商城，人们马上就会想到这是一个以零售产品为主的网络商城；一提到携程，人们就会想到这是一个以销售旅游产品为主的网站。所以企业要实施网络营销，在动手搭建网站之前，首先要考虑的就是搭建的网站究竟要做什么，通过这个网站要表达什么内容，必须给网站划定一个范围。许多网站由于目标不明确，不考虑自身实力与定位，到处借鉴自己不强势的特色，最终变成了一个杂货铺。所以在建设网站之前，我们要做好网站的规划工作。

第一，规划网站建设目标。无论是企业还是个人，无论是为了公益、销售还是为了提高知名度，网站建设都要有明确的目标。网站建设的目标实际上就是网站的定位。网站的规划也应根据这一定位进行规划，包括功能设计和内容建设、网站优化等。没有目标，网站建设将难以进行。

第二，网站建设的资金预算规划。简而言之，准备花多少钱来建网站。

资金投资包括网站建设前期和后期运营的维护、优化和推广费用。在网站规划时，应根据资金预算合理规划建设网站，避免不必要的浪费或因规划功能太多而造成后期资金不足无法实施。

第三，网站功能的规划。功能设计是网站建设中最重要的环节，功能的实现是网站建设目标实现的首要条件。网站最基本的功能有产品展示、企业或个人联系信息、注册和登录功能、企业简介、新闻信息功能等。晋级开发的功能是后台管理功能、会员管理功能和营销策划管理功能等，随着网站不断发展还会有大数据分析等功能。

第四，网站内容的规划。建什么类型的网站，网站上显示的内容就应该是这个类型的内容。类型不同，网站的内容也应随之不同。企业网站的内容一般是企业介绍、产品展示、服务提供等。如果想搭建有特色的企业网站，就要考虑根据平台的功能和企业产品的特色来规划。

第五，后期网站推广规划。虽然网站正式上线前，网站的推广工作不会真正开始，但网站的推广工作应在网站建设之前做好准备。有了良好的规划，你可以在网站刚上线时即获得大量流量，这也有助于提高网站排名。

试一试

学习了网站规划的基本方法后，根据知乐庄园的实际情况尝试做一份网站建设规划文书。

问题2. 微信公众号菜单与微官网菜单设置有何区别？如何互补？

在微信公众号目前版本下，可创建三列主菜单，每列主菜单又可创建最多五个子菜单。在不调用接口权限的情况下，一级菜单名称最长为四个字；二级菜单名称最长为八个字。用户单击菜单之后，除了可以接收到设置的信息（包括文字、图片、语音、图文），还可以直接跳转到素材库里的图文，或外部链接（此功能需要微信公众号通过认证）。

微官网可根据需求设计选择不同的模板，创建不同数量和方式的菜单，可选性要比微信公众号更为丰富。用户单击菜单可跳转到相应内容页，也可链接到网站中设置的各项功能，更可以直接链接到指定的外部链接地址。其中部分模板支持的快捷菜单可展示微官网快捷按钮的交互功能，可设置常用的如一键导航、一键拨号、客服咨询、调研等快捷功能。

由于微信公众号菜单数量有所限制，因此，我们可以在微信公众号（通过认证的）中直接推送微官网链接，将微官网作为微信公众号的完美扩充，微信公众号无法呈现的内容和功能可在微官网内实现。最主要的是这种方式便于营销运营，便于做好粉丝转换用户的引流工作。

问题3．根据你对"知乐庄园"微官网的网站规划，该为这个微官网选择什么网站模板呢？

作为搭建微官网的实训平台，微官网设计与制作平台提供了近150种网站模板。面对众多的模板，我们要如何选择呢？

模板选择应遵循以下的三条原则。

（1）差异性

网站的整体风格是最能够区别于其他网站的特点的。例如，当你看到一个标有蓝色熊掌图标的网站时，就知道是百度网站。因此，选择一款风格设计独特、贴合网站定位的模板，是保证其辨识度的关键所在。这个特点是需要自己在规划的时候就考虑到的，你可以从企业产品的特色、logo、配色和图形着手体现网站的差异性。

（2）习惯性

网站的基本布局和排版如果相对固定，可大大提高用户的浏览速度。特别是对于一些常用的设置，如果经常变动它们的位置，会导致用户无法快速找到而影响用户的浏览体验。所以在网站策划时就要做好充分准备，多方咨询、调查，确定一个合适的网站版式。在网站正式上线后，还要通过网站后台的大数据进行调研分析，根据会员客户点击率相对高的功能，或企业商家需要热推的信息做相应的布局调整，尽可能满足会员客户的使用习惯，提高商家热推产品的亮相机会。

（3）统一性

我们经常会见到在同一网站中出现不同的风格模板，以至让用户有种进错网站的感觉，这种错觉极大影响了用户体验。因此，在网站的设计时，追求风格统一性是至关重要的，在设计不同内容时，务必保持头尾呼应，风格统一的原则，才能给用户带来更好体验感。

【查一查】
微官网设计中模板的选择有很多，就知乐庄园的微官网而言，你看看分别可以用哪些网页模板呢？可从首页模板、列表页模板、详情页模板和导航栏模板，是否要用快捷菜单功能等方面考虑。

能力训练

（一）操作准备

1 整理素材文件

根据规划需求整理出"知乐庄园"微官网基础搭建的素材文件备用。

2 设计"知乐庄园"微官网的操作流程

填写"知乐庄园"微官网基础信息→根据预案设置微官网模板→设置导航栏菜单→完成首页设置中的幻灯片和背景页设置→搭建微官网站点框架（部分链接可先用文字替代）。

（二）操作过程

1 填写"知乐庄园"微官网基础信息

登录微官网设计与制作平台，单击"管理中心"选项卡，展开页面左侧"微官网基础"模块，再单击"基础设置"菜单，进入微官网基础信息设置页面，如图 2-2-1 所示。

图 2-2-1　微官网基础设置首页

在该页面填写知乐庄园的基础信息，信息如下（相关素材可以参考本书资源包）。

微官网名称：知乐庄园欢迎您。

回复关键词：知乐庄园。

微信消息标题：知乐庄园——回忆美好田园生活。

微信消息图片：知乐庄园—微信消息图片 .jpg（注：图片的大小为 720px×400px）。

微官网 LOGO：知乐庄园 LOGO.jpg（注：图片的大小为 90px×90px）。

开启背景音乐：知乐庄园背景音乐 .MP3。

最后单击"保存"按钮，完成微官网基础信息设置，如图 2-2-2 所示。

💡 **注意**

暂时不用勾选"开启开场动画""开启背景动画"选项，根据规划要求使用也尽可能使用一项，如果都勾选会影响手机端网站页面的打开速度。

图 2-2-2　微官网基础信息设置完成页

2 设置微官网首页模板

打开"微官网基础"模块的"模板样式"菜单，进入"选择模板"页面，如图 2-2-3 所示。可以看到，"模板样式"共有五类模板：首页模板、列表页模板、详情页模板、导航栏模板、快捷菜单模板。

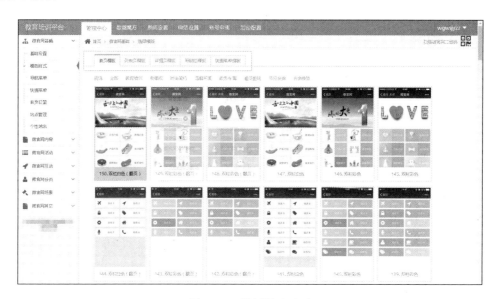

图 2-2-3　模板样式页面

（1）设置首页模板

单击"首页模板"选项卡，从提供的模板样例中找到"134.双栏彩色"样式并单击该模板，在弹出的对话框中单击"确认"按钮后，该"134.双栏彩色"模板会自动跳转至模板页面的第一个位置，如图 2-2-4 所示。其他模板的功能可在实训中尝试点选查看效果。

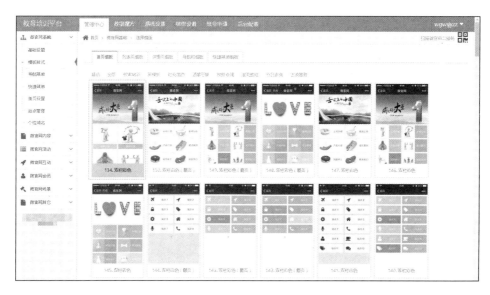

图 2-2-4　选择首页模板

（2）设置首页幻灯片

打开"微官网基础"模块"首页设置"菜单，进入"首页幻灯片"页面，如图 2-2-5 所示。

图 2-2-5　"首页幻灯片"添加页面

单击"添加图片"，在素材库中选择需要播放的幻灯片图片，每次添加后单击"保存"按钮，如图 2-2-6 所示。最多可添加五张图片，图片的大小和横竖形式根据首页模板的需要更改。"幻灯片底栏"是打开的默认颜色，为黑色，如果想要全屏效果，可以单击"NO"将其关闭。

图 2-2-6　添加首页幻灯片后的效果

（3）设置首页背景图

在如图 2-2-6 所示页面单击"首页背景图"选项卡，单击"上传图片"，即可在素材库中选择图片文件上传背景图；也可直接选择网站内提供的背景图，如图 2-2-7 所示。添加首页背景图时注意查看主页模板页面中的提示内容，不是每个模板都支持首页背景图。

图 2-2-7　首页背景图设置

3 设置微官网列表页模板

列表页为微官网的二级页面，可选择与首页相匹配的列表页模板。

打开"微官网基础"模块"模板样式"菜单，单击"列表页模板"选项卡，进入"列表页模板"页面，如图 2-2-8 所示。

图 2-2-8　列表页模板

　　从提供的样例中单击"5.微信图系"模板，同样被选中的模板会自动跳转至列表页模板页面的第一个位置，如图 2-2-9 所示。点选模板时注意查看页面中的提示内容。

图 2-2-9　选择列表页模板

4 设置微官网详情页模板

　　详情页为微官网的最终展示页面，一般由文字与图片组成。

　　打开"微官网基础"模块"模板样式"菜单，单击"详情页模板"选项卡，进入"详情页模板"页面，如图 2-2-10 所示。

图 2-2-10　详情页模板

单击"3.灰色底纹"模板，该模板会自动跳转至详情页模板页面的第一个位置，如图 2-2-11 所示。点选模板时要注意查看页面中的提示内容。

图 2-2-11 选择详情页模板

5 设置微官网导航栏模板

微官网首页在不同的首页模板下使用的导航栏的效果也不同。

打开"微官网基础"模块"模板样式"菜单，单击"导航栏模板"选项卡，进入"导航栏模板"页面，如图 2-2-12 所示。该页面包含"首页导航"和"内页导航"两部分，需要分别进行设置，但选择的操作方法是一样的。

图 2-2-12 "导航栏模板"页面

　　例如，设置"首页导航"。在"首页导航"区域，单击"选择模板"选项卡，打开"选择首页模板"页面，如图 2-2-13 所示。

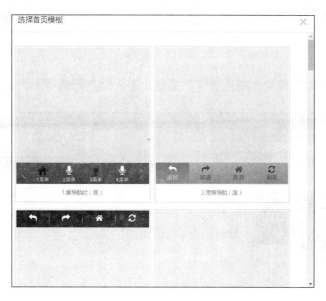

图 2-2-13　"选择首页模板"页面

　　通过鼠标滚轮上下滑动查看模板，单击选择"6.底部四栏（蓝）"模板。选择完毕后，需要继续下滑鼠标滚轮至最下面，单击"确定"按钮，页面会跳转回"导航栏模板"设置页面，这时能在首页导航选择区域看到被选中的"6.底部四栏（蓝）"模板。

6 设置快捷菜单模板

　　快捷菜单模板一般不需设置，只有在首页模板支持快捷菜单的情况下会用到。

　　打开"微官网基础"模块"模板样式"菜单，单击"快捷菜单模板"选项卡，进入"快捷菜单模板"页面，如图 2-2-14 所示。一般默认为"1.无导航栏"，如需使用可选择"2.加号导航"即设置完成。

图 2-2-14　"快捷菜单模板"页面

7 搭建微官网框架

"站点"可以理解为是一个页面，也可以理解为是由众多页面所构成的微官网。微官网的站点管理是对网站的主体结构链接的设置，需要与企业的定位相匹配，并根据规划要求来设置。接下来为"知乐庄园"微官网设计站点菜单。

（1）设置一级站点

打开"微官网基础"模块"站点管理"菜单，进入站点管理页面，如图 2-2-15 所示。

图 2-2-15 站点管理页面

将鼠标移至页面右侧带有"+ 知乐庄园欢迎您"树形图上，就会出现菜单创建快捷按钮，如图 2-2-16 所示。

图 2-2-16 站点设置快捷按钮

将鼠标移至"+"处单击，弹出添加一级菜单的设置页面，按照页面要求完成以下设置。

在该页面填写"知乐庄园"框架菜单如下信息。

站点名称：填写"最新活动"。

站点描述：选择"不显示"，也可根据需要选择"显示说明"。

标题图：单击"上传图片"上传指定按钮图片（图片尺寸根据首页模板不同，可能需要多次调整）。

标题焦点图：一般出现在展示页面上方，多为广告效果，可根据需要设计制作。

栏目分类：因为要建立的是一级站点，所以是默认根目录"知乐庄园欢迎您"。

栏目类型：因为是添加图文信息，所以默认为纯文本，根据需要也可以添加其他链接内容。

详情页副标题：一般默认为创建时间，可根据需要调整，也可选择不显示副标题。

内容：这里单击工具栏中  "插入图片"，插入素材提供的活动宣传海报。

最后单击"确定"按钮，"最新活动"站点设置完成，如图 2-2-17 所示。单击左侧演示页面中的"最新活动"，你就可以查看到如图 2-2-18 所示的效果。

图 2-2-17　站点信息设置页面

图 2-2-18　"最新活动"设置效果

接下来依次按照规划要求分别添加"客房中心""餐饮中心""联系我们"站点，完成一级站点设置工作，如图 2-2-19 所示。

图 2-2-19　一级站点设置完成页面

（2）设置二级站点

鼠标移到一级菜单旁同样能看见添加菜单的"+"，单击打开添加页面，用同样操作在一级菜单的基础上添加指定的二级菜单。

1）在"客房中心"下设置"时尚主题房""标准套房"两个子菜单。相关内容可根据规划设计的要求填写。

2）在"联系我们"下设置"联系客服""在线导航""关于我们"三个子菜单。

"联系客服"子菜单的参数设置如下。

"站点名称"处填写：联系客服。

"站点描述"处选择最后一项"显示说明"，并填入"知乐庄园客服电话，021-52886688"（此处电话号码为虚拟）。

"标题图"处选择：图片素材中"电话"图标。

"栏目类型"处选择"一键拨号"。

"联系电话"处填写：021-52886688。

"在线导航"的参数设置如下。

"站点名称"处填写：在线导航。

"站点描述"处选择"不显示"。

"标题图"处选择图片素材中"定位"图标。

"栏目类型"处选择"一键导航"。

"区域"处填写："崇明区港沿镇港沿村建联 9999 号"，单击"查找"按钮后单击"确定"按钮。

"关于我们"的参数设置如下。

"站点名称"处填写：关于我们。

"站点描述"处选择"不显示"。

"标题图"处单击"上传图片"添加图片素材。

"栏目类型"处选择"纯文本"。

"内容"处填写："知乐庄园，坐落于世界级生态岛——上海崇明岛。庄园距离上海浦东国际机场仅 45 分钟，30 分钟便可抵达上海市区。它是具生态、养生和休闲为主要特色，同时具有咖吧、野外烧烤、果树采摘、园艺疗愈、垂钓和会务等功能，集养生、住宿、餐饮、休闲和文旅为一体的高端田园民宿。"，单击"确定"按钮。

最终完成站点设置，站点展示如图 2-2-20 所示。

图 2-2-20　站点设置完成

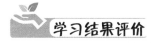 **学习结果评价**

1. 请对照下表检查学习任务的完成情况。

序号	评价指标	指标内涵	分值	得分
1	能根据知乐庄园特色规划网站计划	能根据商家要求，认真调研，仔细规划网站整体架构和内容	2	
2	能完成微官网网站基础信息设置	基础信息填写完整；文字、图片搭配准确	2	
3	会根据知乐庄园应用场合选择网站模板	页面模板与知乐庄园主题相匹配	2	
4	会根据规划要求设计微官网首页幻灯片和首页背景图	图片选择尺寸合理，注重整体页面预览效果	2	
5	会根据规划要求设置微官网站点菜单	能根据规划要求完成菜单内容设置，预览效果无误	1	
6	能在微官网的信息设计与发布中注意再审核发布信息	能确保发布的微官网信息准确、合理与不侵权	1	
总分			10	

学习笔记

2. 为本任务中设置的首页幻灯片尝试添加链接，链接地址可根据实际需求填写。

 **问题情境**

情境1：前期随意选择了首页模板，导致之后搭建框架时无法关联怎么办？

由于此操作而产生的无法关联或者图标尺寸不匹配等问题，就需要回到最初步骤重新进行模板设置和站点搭建了。因此在前期网站规划时，在模板的选择上切记要严谨、慎重，应根据网站框架、内容的规划和客户对网站的功能需求，去判断首页模板的选择，一旦确认了就不能中途更换了，否则会影响到整个网站站点搭建的效果，甚至只有一切重新开始做。

情境2：现有模板不满意怎么办？

微官网设计与制作平台上提供的首页模板已经有150个，每个模板看似相同，但里面的功能大不相同。要用好这些模板，需要花时间去尝试这些模板的功能，努力把自己想要的网页效果表现出来。

想要有自己特色的模板也不是不可行。可以看到平台上所用的模板并不是简单地将图片拼贴在一起，而是需要一组专门的程序编辑人员和网络美工配合工作，从设计到功能编程再到上线测试，一个流程下来，才能最后在平台上看见你想要的特色模板。在漂亮的页面后面，包含了几百乃至上千条网页代码。所以在真正商业化运作时，需要定制特色化的网站架构模板，一般都价格不菲。

—— 小思想大智慧 ——

信息时代层出不穷的信息化新工具、新技术，需要你不断学习，跟上时代的步伐，做一个新时代的数字化公民。

 **拓展提高**

广州凡科互联网科技股份有限公司（简称凡科）是一家助力中小企业数字化经营升级的高新技术企业，创立于2010年10月，于2015年7月成功上市国内"新三板"。目前，凡科旗下拥有的凡科网和营站快车两大业务板块，覆盖全场景营销门户、智慧电商零售、数字化门店、自助式营销、人工智能设计、智能销售推广等多种中小企业经营场景，帮助用户借助互联网技术的力量，更高效地进行经营。经过不断创新，凡科已获得"广东省守合同重信用企业"等殊荣。大家课余如果有兴趣，可以去其官网申请一个免费账号学习观摩。

任务 2-3 编制微官网展示内容

任务描述

"知乐庄园"微官网的基础框架已搭建完毕,为了让"知乐庄园"微官网的内容充实起来,还需要增加一些庄园的产品信息、庄园的活动等内容,方便以后做商业营销活动时分享推广。现在你和小信就是"知乐庄园"微官网的运维人员,开始一起为"知乐庄园"微官网制作一些图文资讯来充实网站。

学习目标

✧ 能根据已收集的图片、文字等素材编撰图文信息。
✧ 知道实训平台资讯中心的操作方法。
✧ 知道实训平台单图文与多图文的设计要求及应用方法。
✧ 利用信息化手段进行团队协作,培养团队协作的工作习惯。

思路与方法

问题 1. 如何利用图文信息推送的方式助力营销活动的推广?

（1）单图文与多图文

单图文与多图文是指微信公众号端图文单次发布时内容的多少,并不是按文章中的图片数量来区分的。根据微信公众平台发布文章的方式,单次发布的文章数量为单篇时称为单图文;单次发布的文章数量为多篇时称为多图文,一次最多可以发送 8 篇图文信息。第三方平台应用中也是按照此惯例来区分图文信息的发布方式。

（2）单图文可用于发布重要的活动信息

在网站运营过程中,可以通过单图文方式发布重要的活动信息。例如,在森林公园徒步活动前,可以用单图文的方式发布此次徒步活动的路线图。这样,用户在活动过程中,可直接打开单图文消息页面查看路线图,而不要多次点击翻看过多的图文信息。

（3）多图文可用于推送活动报道

在徒步活动结束后,可以用多图文的方式报道此次活动情况,多图文的首条消息可放置活动的总结信息,其余消息可以发布各个小组在徒步活动中

核心概念

· 单图文与多图文
· 资讯中心的功能应用
· 图文信息与资讯中心的应用区别

学习笔记

的照片、趣闻，从而吸引用户回看并转发，以此增加会员对微官网的关注度，同时也有利于通过会员推广网站的知名度。

问题2. 资讯中心的作用是什么？

微官网通过资讯中心可以向客户展示企业信息、服务项目、营销活动等，从而帮助企业树立良好品牌形象，提升品牌知名度及用户体验度。

资讯中心不是新闻中心。资讯包括新闻、供求、动态、技术、政策、评论、观点和学术的范畴，时效范围远宽于新闻。新闻的受众相对宽泛，没有严格划分，而资讯的受众相对比较聚焦。

问题3. 如何将资讯中心与图文信息互补使用来做好"知乐庄园"的网站运维？

资讯中心的内容要够吸引人，在内容方面，要突出农家乐特色，如田园风光、乡野美食、村民生活等。从而打动用户，激发用户在情感上产生共鸣，使其对农家乐产生向往之情。在技术上，可以多用各种新媒体技术，如GIF动画、短视频、H5动态页面等，使文章更加丰富多彩。

单图文与多图文信息多用于活动的推广和营销，可能活动过后就会将其更改或删除。资讯中心的信息内容可以根据分类的不同一直保存在资讯中心内，便于用户查找翻阅。我们可以在"知乐庄园"微官网活动运营结束后，将单图文、多图文中各类精华信息分类后复制添加到资讯中心对应类别中，这样既可以丰富资讯中心容量，也便于用户根据喜好直接从资讯中心中查看。

能力训练

【查一查】
在图文信息推送设计中，除了可以使用图片与文字对内容进行描述，我们还能用哪些方法进行描述？

（一）操作准备

1 收集客户反馈信息，准备好相关的讯息图文素材

注意每天检查微信公众平台和微官网的栏目客户反馈信息，及时发现客户在网上的留言，收集并进行分析，找出客户感兴趣的讯息热点。关注同类微官网的信息，不断学习，才会对资讯比较敏感，获得较高质量的资讯素材。

2 了解资讯中心的管理操作流程

进入"资讯中心"设置页面→设置"分类管理"→新增资讯信息→保存并上架。

3 了解图文素材的管理操作流程

进入"素材管理"设置页面→选择单图文素材或多图文素材→进入单图文或多图文新增内容页面完成内容填写→保存（可在站点设置或其他应用中直接调用指定图文素材）。

（二）操作过程

1 进入"资讯中心"设置页面

登录微官网设计与制作平台，单击"管理中心→微官网内容→资讯中心"菜单，如图 2-3-1 所示，进入"资讯中心"设置页面。

图 2-3-1 "资讯中心"设置页面

2 设置分类管理

在"资讯中心"设置页面，单击"分类管理"选项卡，进入"新增分类"页面，如图 2-3-2 所示。

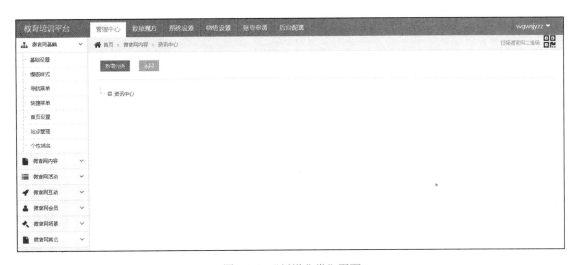

图 2-3-2 "新增分类"页面

将鼠标移至树形结构中"资讯中心",单击浮动菜单中的"+"图标,进入"分类编辑"页面,如图 2-3-3 所示。

图 2-3-3 "分类编辑"页面

在"分类名称"处输入"新闻"后单击"保存"按钮,返回"新增分类"页面,"资讯中心"树形结构下方就出现了"新闻"一级栏目,如图 2-3-4 所示。

图 2-3-4 资讯中心新增"新闻"分类

依此类推,创建整个"资讯中心"分类层级,如图 2-3-5 所示。

💡 注意

创设"分类管理"的这几步操作十分重要,如果忘记完成创设"分类管理",后续的新增资讯将无法完成。

图 2-3-5　设置资讯中心分类

3 新增资讯信息

单击"微官网内容→资讯中心",单击页面右侧的"新增资讯"按钮,如图 2-3-6 所示。

图 2-3-6　单击"新增资讯"按钮

进入新增资讯信息设置页面,如图 2-3-7 所示。

按如图 2-3-7 所示添加"资讯标题",选择分类,设置副标题(一般默认为"更新时间",也可根据需要填写"说明"),单击"上传图片"按钮上传资讯图片,添加"正文内容",最后单击"保存"按钮,就会返回到"资讯中心"设置页面,此时页面中已以列表的形式添加了刚才设置的资讯信息,只有上架的文章才会在网站指定页面上出现,如图 2-3-8 所示。如果是发布多篇已审核的文章,可直接选"保存并上架"按钮(图中填写的内容可以在本书配套的资源包内查找)。

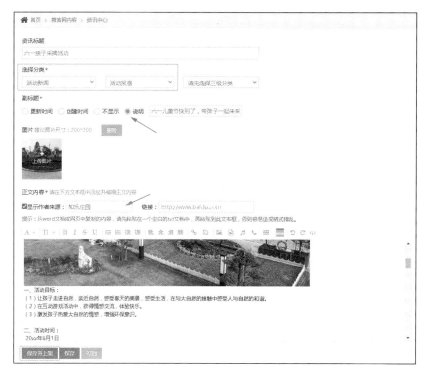

图 2-3-7　添加资讯信息

内容编辑完成后，可以在图 2-3-8 页面中对文章进行排序、上架、置顶、复制、删除等操作。

图 2-3-8　完成资讯信息制作

4 新增单图文素材

单击"管理中心→微官网内容素材管理"，打开"素材管理"页面，如图 2-3-9 所示。选择"单图文素材"选项卡，单击"单图文添加"按钮，进入添加单图文添加页面。从收集的图文素材中提取信息，依次填写此页面中各项信息，如图 2-3-10 所示。填写完毕单击"保存"按钮，就会跳转回"素材管理"页面，从中可以看到已添加的单图文素材效果，如图 2-3-11 所示。

图 2-3-9　准备添加单图文素材

图 2-3-10　完成单图文素材添加

图 2-3-11　已添加单图文素材效果

学习笔记

 试一试

　　资讯中心的文章编辑功能有限，要做到所推广的图文能吸引用户，不妨试试看使用网上在线图文编辑器来丰富编排手法。

学习结果评价

　　1. 请对照下表检查学习任务的完成情况。

序号	评价指标	指标内涵	分值	得分
1	能根据已收集的图片、文字等素材编撰图文信息	内容完整，语句通顺，图文并茂	2	
2	能在模拟平台设置资讯中心并添加新资讯	资讯中心分类创建正确，能添加一条新资讯并上架发布	3	
3	能在模拟平台素材管理添加单图文素材	在"素材管理"页面成功添加一篇单图文素材	2	
4	根据素材包独立完成两条有价值的资讯	能按照要求完成两条资讯信息的添加	2	
5	能在微官网资讯信息的编辑中注意再审核发布的信息	能确保发布的资讯信息准确，不含有违法乱纪与商业欺诈的信息	1	
	总分		10	

　　2. 根据所给的素材包，制作一个知乐庄园亲子活动的单图文活动信息。

　　3. 根据所给素材包，制作一个在知乐庄园举办生日庆祝活动安排的多图文活动信息。

 问题情境

　　情境：当你在"资讯中心"新增资讯时，为何无法设置"选择分类"这一项呢？

　　在"资讯中心"设置页面中，必须先进行"分类管理"设置工作，因为不创建资讯分类，在"新增资讯"页面是无法完成添加新资讯操作的。因此，要提前做好资讯分类管理，然后再添加新的资讯内容。

 拓展提高

1 展示中心

　　在微官网设计与制作平台中，我们介绍了"微官网内容模块"的"资讯中心"的各项设置，可能大家对该模块的"展示中心"菜单功能也有兴趣。

学习笔记

其实"展示中心"是用来展示企业微官网上发布的产品介绍的，操作界面和功能基本与"资讯中心"一致，在操作中也必须先进行产品的"分类管理"，再添加新的展示内容。

"展示中心"设计时应注意以下几点，以更好地展示产品。

（1）和谐简洁

企业产品展示设计可以将很多因素融合到一起，让展示达到预期的目标。越复杂就容易使人迷惑，反之越清晰则会给人越强烈的印象。图片中的产品摆放不要零乱，要选择有代表性的产品。

（2）突出焦点

展示中心应该有焦点、有中心。一般企业的新产品通过位置、布局、灯管、色彩等手段将其凸显，以最大的展示效果将参观者吸引到目标产品的周围。

（3）换位思考

要从用户的角度去做调整，主要是目标观众的目的、情绪、兴趣、观点、反应等因素。从目标观众的角度进行设计，容易引起目标观众的注意、共鸣，并给目标观众留下比较深的印象。

2 135 编辑器

135 编辑器是一款在线图文排版工具，拥有超过 10 万种模板，简单易上手，即使是"小白"也能做到快速美观的排版。同时，编辑器提供公众号裂变增长工具、社群和个人裂变工具、数据表单、免费活动发布、行业社群交流等一站式服务。主要应用于微信文章、企业网站以及论坛等多种平台。135 编辑器页面如图 2-3-12 所示，单击界面左侧菜单栏中的"模板中心"，可查看和使用平台所提供的模板对内容进行编辑。

图 2-3-12 135 编辑器页面

—— 小思想大智慧 ——

你知道协作式学习、协作工作的软件与平台有哪些？请举一例，说明它的功能和作用。

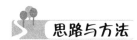

任务 2-4 设置微官网活动与互动项目

任务描述

商家创建在线微官网的最终目的已经从最初的展示企业和产品，慢慢发展到了在线经商和会员营运。通过前几个任务，我们已在实训平台中完成了微官网基础部分的搭建，接下来就请你为小信的"知乐庄园"微官网设置活动及互动项目，以此促进"知乐庄园"的活动推广和商业营销。

学习目标

◇ 会根据商业需求配合线上线下活动设计实训平台中的微活动和微互动。

◇ 能正确设置实训平台中微活动和微互动的相关功能。

◇ 明晰职场的道德伦理，树立正确的道德观，遵纪守法，遵守运维规则，不利用运维平台作假。

思路与方法

核心概念

· 微活动
· 微互动

问题 1. 微活动和微互动有哪些区别?

1）微活动一般由企业或者官方组织举办，用户只是根据商家制定的活动规则参与活动，没有相互之间的互动和发言权。微互动虽然也是由企业和官方组织举办，但是主办方会在微互动中设计一些商家与用户、用户与用户之间的互动，用户有一定的选择权和话语权，活动参与度更高。

2）从企业和官方的需求出发，举办目的不一样。微活动的目的是为了吸引及促活粉丝，而微互动的目的则是为了搜集活动信息、打造消费氛围。

在本书所用实训平台中，微活动在"管理中心→微官网活动"模块中设置；微互动在"管理中心→微官网互动"模块中设置。

问题 2. 运用微活动和微互动举办大型商业活动前需要明确哪些筹划内容?

1）一般情况下举办大型商业活动分为四个时期：①筹备期：准备活动需要的主题、文案、广告、道具、人员与设备等；②预热期：支付租借场地定金，线上线下投放宣传资料与推广活动内容等；③进行期：按计划执行从活动正式开始到活动最终结束之间的工作内容；④发酵期：回收活动过程中涉及的所有相关信息和数据，进行复盘并产出活动报告。

2）活动需要的文件材料：活动策划书、运筹表格、物料表格、时间流程表格、各相关平台数据收集表单。应在活动前准备好这些文件材料并检查确认无误。

问题3．通过微活动和微互动所获得的数据资源有什么作用？

企业的决策者可以根据获取的数据，经过分析后写出活动总结报告并制定接下来的商业营销计划，同时每次活动的数据也可作为每一季活动记录和下一季活动的参考依据。

问题4．知乐庄园做线下商业营销活动的时候，如何在线上通过后台设置配合流程？

线上配合流程有发邀请函→微分享→微签到→摇一摇→微相册等。

1）发邀请函。其推广方式有三种：①活动前通过官方微信公众号发推文（邀请函）；②活动前使用手机海报方式做成邀请函在微信朋友圈和微信群推广与分享；③使用H5电子邀请函方式，通过微信、QQ等在线方式转发邀请及回收参与活动的信息。

2）微分享。老会员转发邀请分享即可携带新朋友，可安排两人都可享受住宿八折优惠。

3）微签到。线下扫码签到参加活动后，老会员可获得积分，新会员可奖励双倍积分。

4）摇一摇。可利用农家乐房间号码牌抽奖，可安排号码牌为单号的用户可以有五次机会摇一摇；号码牌为双号的用户可以有三次机会摇一摇，取最大奖励。奖励内容为免费水果或菜品等。

5）微相册。参与活动结束后，商家可将用户在活动中的精彩照片按照时间节点制作成相册放到微官网上，吸引用户分享给朋友，以达到营销推广及吸引粉丝的目的。

 **能力训练**

下面来一起设置知乐庄园的微活动和微互动的内容。

（一）操作准备

1 微活动——了解刮刮卡的操作流程

登录实训平台→打开"刮刮卡"设置管理页面→单击页面右侧的"新增"按钮→设置活动预热页面→设置活动开始页面→设置活动奖品页面→设置活动规则页面。

2 *微互动——了解微报名的操作流程*

登录实训平台→打开"微报名"设置管理页面→单击页面右侧的"新增"按钮→填写微报名基本信息→选择微报名模板(根据需求填写高级报名设置)→单击"报名 & 编辑报名字段"按钮（填写报名表单指定字段信息）。

(二) 操作过程

1 *微活动——刮刮卡的操作过程*

1）登录微官网设计与制作平台，选择"管理中心→微官网活动→刮刮卡菜单"选中"刮刮卡"选项卡，单击页面右侧的"新增"按钮，如图 2-4-1 所示。

图 2-4-1 刮刮卡管理页面

2）设置活动预热页面。进入活动预热设置页面后，在该页面根据资源包提供的相关资料填写活动信息，结果如图 2-4-2（a）、（b）所示。

（a）

图 2-4-2 活动预热设置

活动预热说明 *

提示：从word文档或网页中复制的内容，清先粘贴在一个空白的txt文档中，再粘贴到此文本框，否则容易造成格式错乱。

活动预热说明

活动预热时间 请确保预热时间早于活动开始时间，若两者一样或者不填活动预热时间，则表示没有预热

从　2022-05-02 01:00　到活动开始时间

活动时间 *

2022-05-03 01:00 - 2022-05-04 23:59

下一步→　返回

（b）

图 2-4-2（续）

3）设置活动开始页面。单击"下一步"按钮，即可进入活动开始设置页面。在该页面根据资源包提供的相关资料填写活动信息，结果如图 2-4-3 所示。

图 2-4-3　活动开始设置

4）设置活动奖品页面。单击"下一步"按钮，即可进入活动奖品设置页面。在该页面根据资源包提供的相关资料填写活动信息，结果如图 2-4-4 所示。

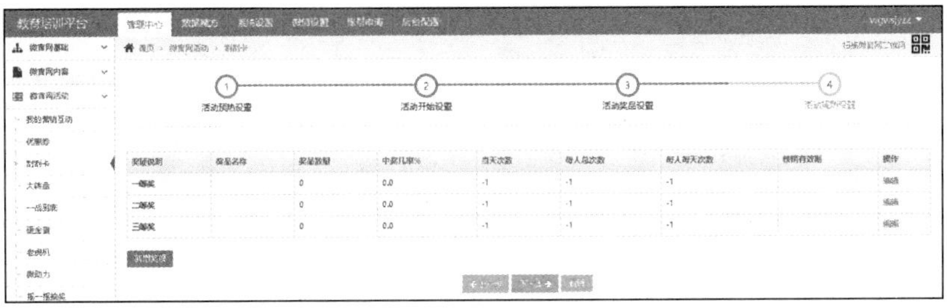

图 2-4-4 活动奖品设置

5）设置活动规则页面。单击"下一步"按钮，即可进入活动规则设置页面。在该页面根据资源包提供的相关资料填写活动信息，结果如图 2-4-5 所示。最后单击"完成"按钮设置完毕。

图 2-4-5 活动规则设置页面

小提示

所有微活动的设置方法基本一致，如需设置其他活动，可尝试参照"刮刮卡"的操作方法自行尝试设置。

试一试

请你根据"刮刮卡"的操作方法，尝试设置大转盘活动。

2 微互动——微报名的操作过程

1）选择"管理中心→微官网互动→微报名"菜单并选中"微报名管理"选项卡进入微报名管理页面，如图 2-4-6 所示。

图 2-4-6 微报名管理页面

2）填写微报名基本信息。单击页面右侧的"新增"按钮，进入新增微报名活动内容填写的页面，在该页面根据资源包提供的相关资料填写活动信息，结果如图 2-4-7（a）、（b）所示。

（a）

（b）

图 2-4-7　微报名信息填写

3）单击"保存＆编辑报名字段"后跳转至报名表单字段设置页面，在该页面根据资源包提供的相关资料填写活动信息，结果如图 2-4-8 所示。单击"保存"按钮，就完成了微报名活动的内容设置。

试一试

　　所有微互动的设置方法基本相似，请你根据"微报名"的操作方法，试着设置其他类型的微互动。

图 2-4-8　微报名表单字段设置页面

✏️ **小提示**

报名表单字段设置页面中默认字段名包含"姓名"和"手机"，可根据商家需要另外勾选"性别""年龄""时间""所在城市""备注"等选项，也可自行添加字段名。

当完成报名表单设置后，页面跳转至微报名管理页面，在此即可查看到刚才设置的微报名活动。使"报名名单"处按钮处于"ON"状态，如图 2-4-9 所示。在客户报名后报名表单会在微报名中显示。

图 2-4-9　微报名管理页面

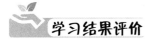
学习结果评价

1. 请对照下表检查学习任务的完成情况。

序号	评价指标	指标内涵	分值	得分
1	能配合线下活动的要求设计线上活动的设置计划	线上设置合理，能配合线下活动开展，不利用运维平台作假	2	
2	会在微实训平台上设置微活动	能顺利设置完成并尝试测试	3	
3	会在微实训平台上设置微互动	能顺利设置完成并尝试测试	3	
4	在线上线下活动设计中注重商业活动的合理性与合法性	在活动设计时注意商业行为的合理性与合法性	2	
总分			10	

2. 请你帮助知乐庄园设计一个微活动、一个微互动，并在微官网上发布。　

 **问题情境**

情境1：设置活动时不清楚活动流程，不会选择微活动和微互动，该如何处理？

作为线上运维人员，必须与活动负责人进行沟通且第一时间了解活动的整个流程，尽可能参与整个活动的策划工作。明确活动策划理念后，结合商家的需求和目的去选择对应的微活动与微互动，并通过线上测试后推荐给活动负责人。

情境2：设置微活动和微互动时，把握不好预热期和活动期的时间期限，该如何处理？

1）注意在设置活动时，预热期开始时间必须超过电脑系统的当前时间。
2）预热期与活动期中间间隔预留时间不要过短，也不宜过长的。
3）活动时间设置中没有24:00，只有23:55，注意计算好活动时间。
4）必须与负责人确认好活动的预热期和活动期的确切时间后，再去平台上设置测试。

 **拓展提高**

微活动和微互动能极大助力商家宣传及营销活动的推广，除了上述提到的刮刮卡和微报名以外，还有各类形式的吸引粉丝的活动，如微助力和微留言等。

微助力作为微活动的项目之一，功能与微信朋友圈点赞类似，商家只需在后台设置好促销内容，生成微助力链接，粉丝即可分享并邀请朋友助力。它作为一种营销手段，无形中增加了商家公众号和微官网的人数访问量，帮助商家在活动中快速积累粉丝和人气。

微留言是微互动的项目之一，粉丝可以在微官网内提交留言，并将留言分享到朋友圈，也可看到其他用户的留言内容；商家可通过后台查看和管理留言内容，了解粉丝关心的内容和建议。微留言可增强商家与粉丝、粉丝与粉丝之间的互动性。

── 小思想大智慧 ──────────────────

在新媒体行业中，我们要注意建构积极、健康、向上的粉丝文化，树立正确的价值观，引导粉丝用理性的行为、礼貌的举止、文明的语言要求自己。

任务 2-5　设置微官网会员基础信息

任务描述

在完成前几个任务的基础上，我们在微信公众号和微官网的活动互动中积累了一定的粉丝量，但这些粉丝还仅是关注我们，并不是真正意义上的消费客户。要让他们从粉丝转变为消费客户，就需要创设会员机制来稳定和管理好自己的客户，通过会员制与客户建立长期稳定的关系，从而提高他们的忠诚度，以增加商家的利润。那么作为小信的助手，你该如何为知乐庄园微官网创设会员制，帮助他有效地进行会员管理呢？

学习目标

◇ 知道微官网设置会员的作用及意义。
◇ 会在实训平台中设置微官网会员信息。
◇ 能够规范会员卡的管理，保护会员及相关各方的合法权益。
◇ 能合理利用会员机制增强与客户的沟通能力，做好售后服务。

思路与方法

核心概念

·微官网会员
·会员管理
·售后服务

问题 1. 为什么要设置微官网会员？

目前各大平台都拥有自己的粉丝管理方式和粉丝权力，要将分布在微信公众号、微博、抖音等各大媒体平台上的粉丝转化为潜在的消费客户，就需要在自己的微官网内设置会员管理与营销机制；只有拥有属于自己的会员并进行有效的会员管理，才能扩大和巩固企业营销的对象和范围。

问题 2. 微官网电子会员卡有哪些优势？

【想一想】

请你思考一下，微官网会员卡的使用，能给企业产品营销带来什么作用呢？

1）具有便捷性，电子会员卡不用随身携带，使用时报手机号或身份证号即可。

2）具有智能性，刷手机等智能电子设备上的二维码即可识别会员身份享受优惠。

3）具有广泛性，可线上自助查看会员积分和消费记录、自助兑换礼品、反馈意见建议、预约场地或服务、查看最新优惠信息等。

4）具有自主性，区别于利用其他平台对粉丝及会员的管理，可第一手掌握企业的会员信息，便于后台统一管理协调各类活动的开展。

问题3. 微官网的会员卡是否等同于打折卡?

微官网会员卡不等同于打折卡。打折卡是在正常销售价格的基础上享受一定折扣的凭证,而微官网会员卡则是供持卡人在消费活动中进行会员身份认证,并凭此进行消费和积分,免于付费或者享受折扣的凭证。从应用功能上来说,会员卡包含打折卡的优惠作用,打折活动只是会员卡的福利特权之一,因此不能将会员卡等同于打折卡。

问题4. 针对知乐庄园农家乐,应该如何进行微官网会员管理呢?

可以通过每次活动收集的数据以及用户问卷调查结果对会员进行有目的的分类。

例如,通过分析知乐庄园农家乐近几次活动的用户数据,发现前往农家乐游玩的用户中年龄在50～60岁的占总用户数的70%,那么在会员管理时就可将50～60岁的会员定为活动的主要营销对象。除此之外,通过对数据进行统计、分析,从中发现用户使用产品的规律,并将数据得出的规律结合到营销策略、产品功能、运营策略,发现问题,解决问题,以此优化会员体验、实现精准运营。而添加"用户标签"就是一种常用的方式,如果有用户标签,就能快速、方便地细分用户群体,锁定更有需求的人,实现更精准的营销服务。所以,想要有效地进行微官网会员管理,一定要从大数据入手进行调查和反馈,才能让会员管理更有针对性。

━━ ✎ 小思想大智慧 ✎ ━━━━━━━━

在实际操作中,务必注意用户数据采集、利用的合理性、合法性及管理的个人信息安全性。

 能力训练

请你和小信一起来设计知乐庄园微官网的会员设置,并思考用什么策略可以更好地进行会员管理,使会员不流失。

(一)操作准备

了解设置微官网会员的操作流程:选择"微官网会员→基础设置"菜单→填写"微信设置"页面信息→设置"会员卡设置"页面→设置"会员资料"设置页面→选择模板→设置"会员管理"菜单。

(二) 操作过程

1 "进入微官网会员"模块

登录实训平台,在"管理中心"选项卡中,选择"微官网会员"模块并单击"基础设置"菜单,如图 2-5-1 所示。

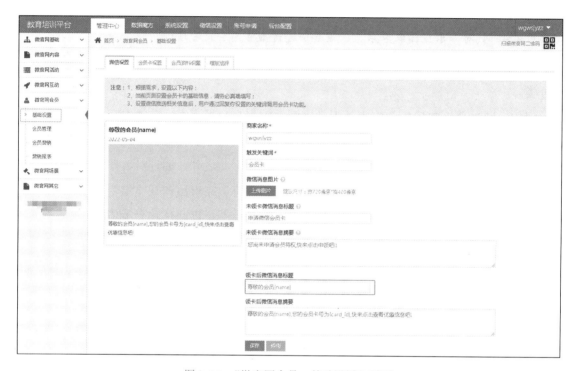

图 2-5-1 "微官网会员—基础设置"页面

2 填写"微信设置"页面信息

单击"微信设置"选项卡,进入"微信设置"页面。

在"商家名称"处填写:知乐庄园。

在"触发关键词"处填写:会员卡。

在"微信消息图片"处单击"上传图片",上传一张指定的会员卡微信消息图。

其余信息可按默认值设置。

单击"保存"按钮即可,如图 2-5-2 所示。

> 注意
> 如果修改文字信息,请不要改 {} 内所标注的内容。

图 2-5-2 填写"微信设置"页面信息

3 设置"会员卡设置"页面

1）单击"会员卡设置"选项卡，进入"会员卡设置"页面，如图 2-5-3 所示。单击"选择模板"按钮，可以选择系统自带的电子会员卡的图案模板，也可根据提示的信息自行制作图案并单击"上传背景图"按钮上传，设计有特色的电子会员卡。设计时注意图片尺寸符合提示要求，上传的 logo 图片最好使用透明背景的 PNG 格式图片。如果是自行设计的会员卡背景图，可根据图案的需要调整会员卡的名称与号码字体大小、颜色等样式。修改后记得在图 2-5-3 所示页面右上角单击"保存"按钮。

图 2-5-3 "会员卡设置"页面

2）单击"编辑会员卡说明"按钮，填写会员卡说明信息，如图 2-5-4 所示。

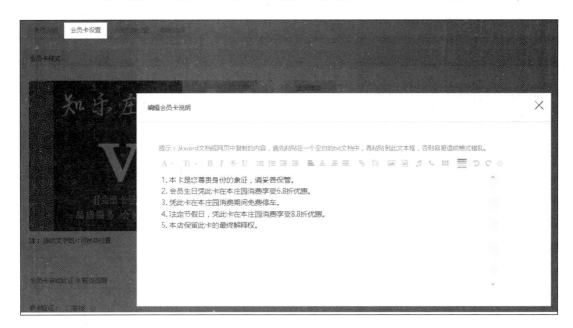

图 2-5-4 "编辑会员卡说明"页面

3）单击"编辑积分说明"按钮，根据需要填写积分累计和奖励规则，如图 2-5-5 所示。

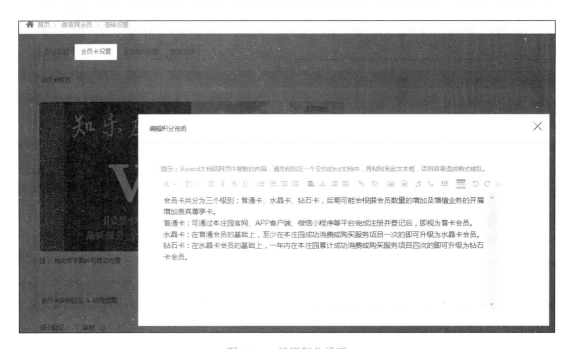

图 2-5-5 编辑积分说明

4）下拉"会员卡设置"页面，看到"会员卡审核验证 & 短信提醒"编辑栏，在"领卡验证"和"短信提醒"处根据商家需要勾选验证方式和提醒方式，如图 2-5-6 所示。需要注意的是，如果勾选框内的选项会产生相应的短信服务费，一般商用平台会有相应的短信包购买，请根据实际需要进行选择，在本实训平台内可以不勾选。

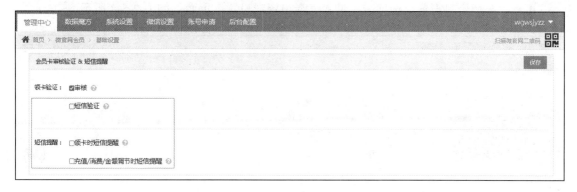

图 2-5-6　会员卡审核验证 & 短信提醒

5）继续下拉"会员卡设置"网页页面，看到"会员卡个人资料"编辑栏，可在地图上方填写详细的公司地址后单击"查找"按钮，地图会直接指示出公司所在地。在地图下方可填写公司联系方式和详细地址，如图 2-5-7 所示，便于会员直接通过会员卡上获得公司信息。填写完毕后，记得单击右上角的"保存"按钮。

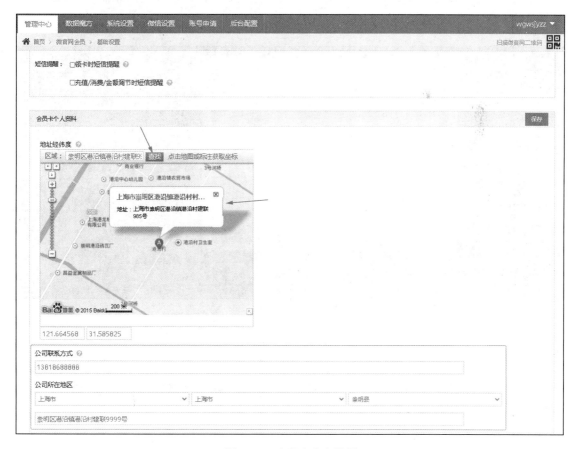

图 2-5-7　会员卡个人资料

4 填写"会员资料设置"页面

单击"会员资料设置"选项卡,进入"会员资料设置"页面,如图 2-5-8 所示。

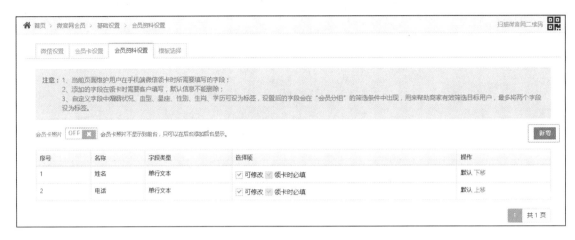

图 2-5-8 "会员资料设置"页面

单击右侧的"新增"按钮,在"字段名称"下拉列表中,可以根据商家需要增加会员资料相关的字段名进行会员资料的收集,如图 2-5-9 所示。

图 2-5-9 "字段名称"下拉列表

5 选择模板

单击"模板选择"选项卡,进入"模板选择"页面,单击选择"时尚超简"模板作为会员卡模板,如图 2-5-10 所示。

图 2-5-10　模板选择页面

6 设置会员管理

在"微官网会员"模块下单击"会员管理"菜单,在右侧页面中可根据需要查看所有已有会员的相关信息,并可对每位会员的卡内余额充值、消费积分增减及会员级别等信息进行调整,如图 2-5-11 所示。

单击页面上方不同的选项卡,能对会员信息进行导入、导出的批量操作,通过"会员卡统计"页面能查看微官网会员增减的图表信息,参考这些会员变动的信息数据,商家可实时掌控每次活动后会员流动的详细情况,如图 2-5-12 所示。

注意

对于会员信息的导入、导出操作,必须严格遵守会员信息安全保密制度!

图 2-5-11　会员管理页面

【想一想】

在会员人数不断增多的情况下，该如何更好地进行会员管理呢？

图 2-5-12　会员信息查询页面

 学习结果评价

1. 请对照下表检查学习任务的完成情况。

序号	评价指标	指标内涵	分值	得分
1	能说出会员信息管理的安全保密重要性	能说出在会员信息操作时注意的保密点	2	
2	会在实训平台上设置微官网会员基础信息	是否完成	3	
3	根据要求在实训平台上快速设置微官网会员的相关功能	10 分钟以内完成	5	
总分			10	

2. 请为知乐庄园招募、添加 5 个会员，并为每位会员进行卡内金额充值 500 元。

3. 请上网查找一个微官网会员管理系统，试着分析一下它的会员系统与实训平台的区别。

 问题情境

情境：在实践运营活动中不会运用微官网会员，该如何处理？

1）以小组多名成员为实训案例，不断尝试微官网会员系统的设置在整个推广活动中所起到的作用和价值。

2）根据商家的需求，尝试寻找在微活动与微互动的设置中，如何将会员系统匹配到活动设置的各个环节中。

拓展提高

　　虽然在第三方平台上都可以设置微官网会员管理，但是在具体的商业活动中，商家可根据公司的营销定位去选择专业的微会员管理系统。下面给大家介绍一个侧重于线上活动会员管理的小工具——店盈易会员管理系统（http://www.huing.net/hyglhxgn.html），如图 2-5-13 所示。在具体商业活动中，建议商家根据公司营销的定位去选择合适的小工具。

图 2-5-13　店盈易会员管理系统页面

　　店盈易会员管理系统的具体功能如下。

　　1）会员建档 / 画像：专业完善的会员管理功能，支持简单录入姓名、手机号，为客户快速建档；支持通过会员等级、来源渠道、自定义标签、扩展属性等个性化选项，系统记录会员信息，用户画像更精准。

　　2）会员权益 / 留存：支持会员价、等级折扣、积分抵现 / 兑换、生日专享、自助预约等会员特权，吸引散客转会员；提供会员等级卡、储值赠送、次卡、时卡、套餐卡等多种开卡模式，满足商家不同业务售卡需求的同时，长期绑定客户消费。

　　3）客户预警 / 维护：会员生日、项目消费、电子券到期、回访提醒等预警信息系统自动推送，方便销售顾问及时跟进，高效维护会员；客户跟进情况可在手机上随时添加，支持照片、视频、文字记录，方便跟进服务效果，改善服务质量，提升客户体验。

　　4）会员分析 / 促活：系统可以分析出哪些客户对业绩贡献最大；哪些客户有潜力发展成为大客户；哪些客户处于流失的边沿。支持按基本信息、消费行为、标签分组等不同维度进行会员筛选，通过优惠券发放、短信关怀、促销活动推送等手段，进行会员促活及二次销售。

　　5）会员分销 / 裂变：二级推荐社交裂变营销方法，通过"拉新"佣金、消费佣金、特殊商品佣金三种分享利润激励，吸引会员积极介绍新会员；提供推荐海报、分享券、拼团活动等线上分销工具，通过分享朋友圈、微信群、私信等方式轻松进行分销 / 裂变。

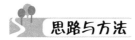

任务　2-6　　设置微官网会员营销系统

任务描述

任务 2-5 已为知乐庄园微官网设置了会员卡基础信息。随着会员制应用的展开，微官网会有大量的用户在库。为了充分挖掘潜在用户，保持在线用户的黏度，刺激会员用户进一步消费，可以设计一些特定的会员营销活动，为知乐庄园运营带来更多利润。接下来请你帮助小信为知乐庄园微官网会员管理设计在线营销活动。

学习目标

◇　知道微官网会员营销的相关功能。
◇　能运用微官网会员营销配合企业在线营销活动设计。
◇　对会员卡信息进行规范管理，保护会员及相关各方的合法权益。

思路与方法

核心概念

· 会员营销套餐
· 顾客终身价值
· 服务即营销

企业商家都会围绕着如何让客户数量不降低，如何尽可能把客户留下来上做文章。这时候我们要分析客户存量的核心，挖掘顾客终身价值。所谓顾客终身价值指的就是一个顾客过去、当下和未来的价值总和。顾客终身价值的计算，实际上是跟其消费的频次、单品价格、时长等因素相关的。我们的顾客已不是单纯的消费者，他既是一个消费者，也是一个推广者，更可以是一个经营者。

问题 1. 如何搭建好会员营销体系？

1）实现会员的数字化。要实现会员的数字化，特别是线上线下全要打通，要让我们所有的用户都在线，而且要让所有的会员都成为我们的数字化资源。将会员数字化与大数据结合来打通选品、供应链、资金链、支付、下单等多个环节，从而深挖用户的个性化需求。

2）做好对会员的精细化运营。运用大数据技术，对会员进行特征挖掘，基于让用户感兴趣的内容，用户觉得好玩的、有价值的内容，及在用户场景之下所需的内容，给我们的用户、会员去做精细化的运营。

3）在会员权益方面做得更加吸引人。在打造会员体系时，将会员体验模式植入活动设计中，用于激活核心会员，提升他们的参与度和黏性；通过定期的只有会员才有资格参加的活动，只有会员才能够享有的产品来突出会员的仪式感，让会员充分享受到特权和福利，提升他们的归属感和荣誉感；还可以用开放性的心态去结盟异业联盟的权益，连带关系的权益是非常适合吸引粉丝的。

4）从用户思维出发，不遗余力地提升会员的体验。用心做好会员体系的策划与开发，多从用户、会员的角度去思考开发效果，使会员的权益真正在线上线下活动中体现出来。

问题 2. 如何理解服务即营销，营销即服务？

在传统的认知中，服务业指的是餐饮、零售、金融、流通、咨询、业务外包等。在竞争日益加剧、产品同质化的压力下，传统的制造、快销、IT 行业已不仅仅只是售卖产品，而是将服务变成重要的业务组成，甚至还是主要的利润来源。

1）服务就是最好的营销，好的服务带来业务增长。

口碑推荐新客户，不仅可以带来新客户，还可以增加企业在业界的影响力，对于扩展规模、开拓新业务大有帮助；精准用户运营，提高复购率，通过体贴的服务增强双方的信赖度与情感联系，减少客户流失；通过客户体验互动来了解产品以及服务的需求，从而不断优化产品，提升供应链效率，发现增长机会；相对于产品销售，优质服务更易传递品牌价值而获得竞争的优势。

2）服务的过程就是营销，而营销也同样是以客户为中心。

现在的营销向服务转变，对于用户来说，得到的是不被打扰、方便生活的营销服务体验；对于企业来说，大量的忠实用户才是品牌的超级防护盾。服务与营销的整合是未来发展的方向，而底层逻辑就是以客户为中心。

内部赋能：为销售、合作伙伴提供面对客户的话术、物料，组织相关的培训。

品牌传播：关注目标客户的需求，通过社群、场景与客户沟通，建立深度链接。

内容营销：在各种与用户沟通的接触点提供有趣、有料、有审美、有价值的内容。

数字营销：精准定义目标客户，为不同画像的客户提供定制的产品与解决方案。

用户运营：从风险管理、扩展销售、口碑推荐、价值证明、客户支持、客户声音等多角度出发提供"客户成功"策略。帮助企业提升客户的生命周期价值以提高企业收入。

问题 3. 我们可以从哪些方面入手来设计"知乐庄园"微官网会员营销方案？

1）通过"会员类型分组"功能将会员按照不同类别进行分类并打标签，为后续的用户精准服务奠定基础。

2）通过"会员卡套餐设置"功能设置不同级别会员的活动策略，突出会员的仪式感，提升会员的活动参与度和黏性，激发会员的复购欲望。

3）利用"会员关怀"功能进行体贴的会员服务，增强双方的信赖度与情感联系，提倡服务即营销的思想，通过老会员的口碑带动新会员的加入。

4）通过"会员积分设置"功能积极带动异业联盟的权益，运用积分制设计各类营销策略产品，使会员的权益真正在线上线下活动中体现出来。

 小思想大智慧

数字营销是使用数字传播渠道来推广产品和服务的实践活动。数字营销是数字化转型的基础和核心。你做好准备了吗？

能力训练

（一）操作准备

了解微官网会员营销设置操作流程：设置会员卡类型分组→管理会员分组→设置会员卡套餐→设置会员积分策略→设置会员关怀。

（二）操作过程

登录实训平台，在"管理中心"选项卡左侧选择在"微官网会员"模块中的"会员营销"菜单，进入会员营销设置页面，如图 2-6-1 所示。

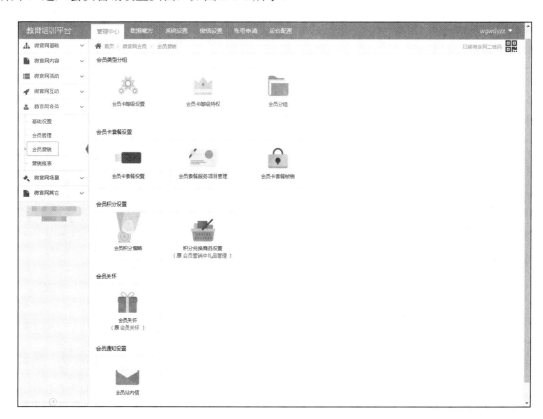

图 2-6-1 微官网会员营销设置页面

1 设置会员卡类型分组

1）单击"会员卡等级设置"图标进入"会员卡等级管理"选项卡，在此新增及管理会员卡的等级，如图 2-6-2 所示。

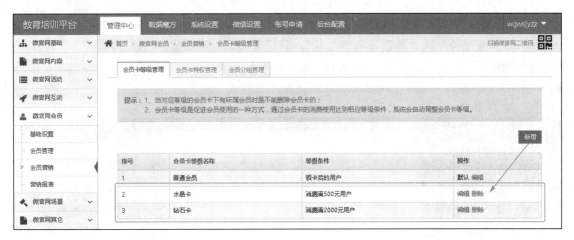

图 2-6-2　会员卡等级管理

单击页面右侧"新增"按钮，弹出"编辑等级"对话框，如图 2-6-3 所示。

图 2-6-3　"编辑等级"对话框

在该对话框中填写信息，具体如下。

在"等级名称"处填写：水晶卡。

在"等级定义"处填写：默认"1"（数值越大代表级别越高）。

在"等级条件"处选择：按累计消费金额；在"金额""达到"处填写：500。

单击"保存"按钮，就完成了"水晶卡"的设置，按照同样的方法，再次添加"钻石卡"的设置，"等级条件"选"按累计消费金额"，累计金额满2000，如图2-6-2所示。

2）单击"会员卡特权管理"选项卡，单击页面右侧的"新增"按钮，添加新增会员的特权，如图2-6-4所示。

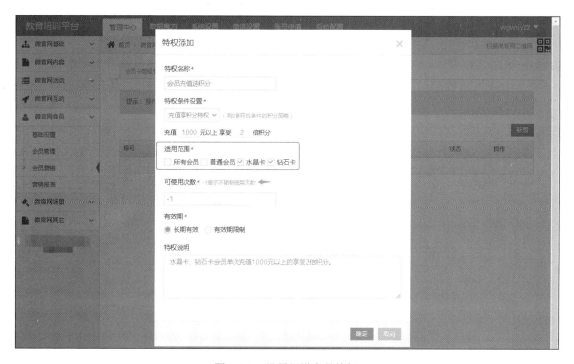

图2-6-4 设置新增会员特权

在该对话框中填写信息，具体如下。

在"特权名称"处填写：会员充值送积分。

在"特权条件设置"处选择充值享积分特权，并在下方填写：充值1000元以上享受2倍积分。

在"适用范围"处勾选：水晶卡、钻石卡。

在"可使用次数"处填写："-1"（即不限使用次数）。

在"有效期"处选择：长期有效，单击"确定"按钮，就完成了会员充值送积分特权设置。

3）单击"会员分组管理"选项卡，可以在该页面对微官网内已有会员进行分组、打标签，便于我们在后续的会员营销活动中精准定位目标会员来进行对应的会员制服务，如图2-6-5所示。

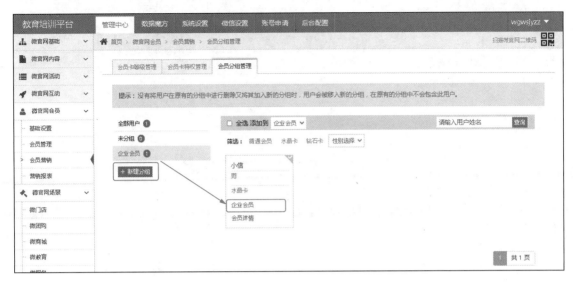

图 2-6-5　会员分组管理页面

2 设置会员卡套餐

　　会员卡套餐是由多个会员套餐服务项目组成的，所以在设置会员卡套餐前需要先创建套餐服务项目。在如图 2-6-1 所示页面单击"会员套餐服务项目管理"图标进入其选项卡，在该页面中单击"新增"按钮，如图 2-6-6 所示。

图 2-6-6　会员套餐服务项目管理页面

　　在出现的页面中，根据需要填写服务项目名称和价格等信息，并点击"保存"，如图 2-6-7 所示。可尝试多添加几个服务项目，便于在会员卡套餐设置时有所选择。

　　在添加了会员套餐服务项目后，再单击"会员卡套餐设置"选项卡中的"新增"按钮，进行"会员卡套餐服务"的新增设置，如图 2-6-8 所示。"包含的服务项目"的选择数量是由刚才添加的"会员套餐服务项目"的多少来决定的，我们可以根据具体的会员营销计划选择加入的项目、套餐价格和有效期。

图 2-6-7　新增会员套餐服务项目

图 2-6-8　会员卡套餐服务设置页面

　　具体的会员卡套餐的应用，还会牵涉到企业各类业务活动的设计及门店的客源引流方案等。在"会员营销"菜单中还提供了"套餐发放""服务项目核销""核销密码设置"等功能应用，需要我们在后续的实际案例中加以学习实践，如图 2-6-9 所示。

【想一想】

　　结合你身边遇到过的营销活动，想一下如何将会员卡套餐特权应用到活动中？可以给营销活动带来哪些效果？

图 2-6-9 "套餐发放""服务项目核销""核销密码设置"选项卡

3 设置会员积分策略

会员积分是一种成长手段，就像游戏中的等级一样，通过积分叠加，让用户深刻感受到自己的价值在提升。在搭建积分体系前应先分析搭建的初衷，是因为用户活跃度低，希望通过积分兑换奖品的方式激励用户，还是仅仅因为积分是互联网产品营销的标配呢？不同的目的会导向不同的结果。本实训平台中提供的会员积分策略大致分为四种类型：消费送积分、充值送积分、签到送积分和领卡送积分，分别针对了积分奖励行为中的四个维度：消费、活跃、打开和传播。为了匹配前面"会员卡特权"中的设计内容，本任务中设置内容就以"充值送积分"的案例设置为例，如图 2-6-10 所示。在实际操作中可以根据营销计划进行相对应的设置。

图 2-6-10　会员积分策略新增页面

会员卡的积分有增加就会有消耗，我们可以通过实训平台提供的"积分兑换商品设置"来实施。单击"积分兑换商品设置"选项卡，通过右侧的"新增"按钮来添加积分商城的兑换商品，如图 2-6-11 所示。积分商城礼品信息可根据素材包提供的文字信息与图片进行编辑，也可根据实际营销计划进行编辑。

图 2-6-11　积分商城礼品信息编辑页面

4 设置会员关怀

会员关怀是服务质量标准化的一种基本方式，它涵盖了企业经营的各个方面，从产品或服务设计到如何包装、交付和服务等。会员关怀即根据双方互动的进度，倒推会员对企业的态度和情感深度，设计系列会员关怀措施促进会员与企业进一步加深关系。

会员关怀的价值在于：提升会员单次购物的满意度，有效促进新客二次回购；有效延长会员生命周期提高会员价值贡献，从而提高总盈利；通过忠实会员发现不足，让企业设计出更符合顾客要求、更有市场的产品；当产品或服务超出了会员的期望，他们将习惯性地向朋友分享体验，熟人传递的产品信息更加可信，成交概率也更高。

在本实训平台中提供的可设置的会员关怀类型分为生日和节日两种，"生日"可理解为客户在申请会员卡时填写的日期，根据不同月份发送相关的福利，而"节日"是可以设置的项目，可理解为各大法定节日及商家自定的节日（如店庆等），可根据实际营销计划有针对性地填写添加，如图 2-6-12 所示。

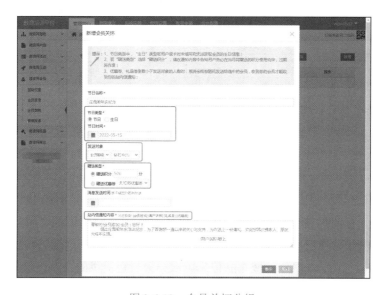

图 2-6-12　会员关怀分组

试一试

在会员营销活动中，我们尝试找一下，还有哪些地方可以很自然地进行会员卡的推广与销售呢？

学习结果评价

1. 请对照下表检查学习任务的完成情况。

序号	评价指标	指标内涵	分值	得分
1	能运用实训平台设置会员卡等级与特权	能完成会员卡等级设置，并会根据等级调整消费金额、积分等设置	2	
2	能运用实训平台设置会员卡套餐及项目管理	能完成会员卡套餐设置及项目管理	2	
3	能运用实训平台设置会员积分策略	按会员卡等级完成会员分组	2	
4	能将会员营销系统任务中的设置应用于微官网中	能通过微官网进行会员申请、查阅相关会员福利及网内积分消费	2	
5	在会员卡营销活动中注意商业营销的方法	严格遵守《电子商务法》《民法典》等相关规定，不损害消费者切身利益	2	
	总分		10	

2. 查找你认为最有吸引力的会员营销活动，分析并讨论活动的特点。

3. 设计一个有创意的会员拉新活动，并撰写一份活动策划书（500字）。

问题情境

情境：在增加新会员的同时，如何防止老会员的流失？

1）注重产品质量。多在产品上下功夫，保证产品品质，为产品品牌推广创造良好的基础，才能吸引更多客户。

2）注重产品创意。产品的升级换代以及优胜劣汰都在很大程度上影响了企业的发展，因此产品要根据市场的变化做出相应的调整与创新，才能不被市场淘汰。

3）投其所好。想要留住老会员，首先要懂得投其所好，了解其兴趣爱好，在运营的过程中传达他们乐于接受的信息，让每一个会员找到对产品的归属感。

学习笔记

4）深入沟通。在线营销要贴近用户，深入了解用户，善于倾听用户提出的意见，同时建立投诉和售后服务沟通渠道，对用户提出的问题做到及时反馈。处理用户问题时，要站在用户的立场上思考问题，充分理解和尊重用户。

5）回报会员。对于活跃会员，要适当通过奖励来提高他们的积极性。比如优惠打折、赠送礼品和代金券、新品免费试用 3 个月等。

—— ✎ 小思想大智慧 ✎ ————————————

要保持客户不流失，首要的是创新。只有不断提高服务和产品质量，才能保持会员不流失，而不是靠投机取巧。走捷径不是成功的法宝。

微官网场景应用是基于移动互联网的连接引擎技术，是移动互联网一种全新的基于用户场景的信息连接方式。

实训平台中的"微官网场景应用"模块有微门店、微团购、微商城、微教育、微服务、微旅游、微婚礼和微医疗等，主要是通过图文、视频、音频、电话、商业智能数据分析识别等交互体验实现小而美的场景应用，以社交网络为传播路径，极速连接用户，重构企业与用户之间的商业关系，提高用户黏性。

我们不妨可以利用课余时间尝试创建几个场景应用，分别研究一下它们的区别和优点。

模块 3

运营微官网

微官网的运营，需要管理、运营好三个核心：内容、产品、粉丝。

首先，结合本书具体案例，首先，你和小信要运用新媒体手段、专业的营销思路去策划营销活动，提升微信公众号、微官网的流量，让知乐庄园品牌更加广为人知。其次，好的产品需要精美的包装和诱人的卖点才能获得更多人的关注，因此你需要协助小信在微官网上输出有创意的方案，让用户过目不忘且被牢牢地吸引；而对于来之不易的粉丝，我们要精心运营和维护（运维），通过各种有针对性的线上线下活动，在企业有盈利的基础上做好粉丝福利与售后服务工作。最后，成功的运维工作并不是活动结束就截止了，你还要利用一些工具软件对微信公众号、微官网在平台采集获取的数据进行各种分析，产出每次的活动报告，便于后续进行策略调整，使知乐庄园在良性循环的基础上茁壮成长。

【模块学习目标】

① 会撰写新媒体活动营销策划方案。

② 会设计并输出新媒体文案创意。

③ 会设计各类活动模块并应用于线下活动。

④ 会采集、分析及再次利用活动数据。

本模块职业能力分析表

学习内容	任务规划	职业能力
运营微官网	撰写新媒体活动营销策划方案	能按要求撰写新媒体文案并在社交媒体进行发布 能按要求进行新媒体表单的处理 能熟练撰写新媒体活动营销策划方案及设计相关的新媒体表单
	设计并输出新媒体文案创意	能运用思维导图软件设计活动文案创意 能阐述文案的创意思考及思维的输出方法 能按要求撰写一份新媒体文案
	设计各类活动模块并应用于线下活动	能设计并设置相关微活动应用于线下活动 能设计并设置相关微互动应用于线下活动 能根据客户的不同需求选择微活动、微互动与线下活动匹配
	采集、分析及再次利用活动数据	能读懂微信公众平台统计模块的数据并撰写简单的数据报告 能运用工具进行活动数据的筛选、分析及产出相应的活动数据报告

任务 3-1 撰写新媒体活动营销策划方案

任务描述

为了使知乐庄园吸引更多用户关注、加入及消费，需要通过策划出与品牌相关的优质、高传播率的内容和线上活动，向客户广泛或准确地推送消息，增加用户的参与度，引导粉丝流量进行转化，并借助已有的微信公众号与微官网开展用户运营。接下来，请你帮助小信为知乐庄园微官网撰写一份活动营销策划方案，更好地推广知乐庄园的营销产品。

学习目标

- ◇ 能辨识新媒体营销与传统营销的区别。
- ◇ 能说出新媒体营销的十大模式。
- ◇ 能熟读并分析一份新媒体活动营销案例。
- ◇ 能根据需求撰写一份新媒体活动营销策划方案。
- ◇ 发扬工匠精神，注重创意要求与整体宣传策略相匹配，注重维护企业形象，杜绝不良营销手段，培养学生爱岗敬业精神。

思路与方法

问题1. 营销策划有什么作用？

营销策划是为了完成企业营销目标，借助科学方法与创新思维，立足于企业现有营销状况，对企业未来的营销发展做出战略性的决策和指导，带有前瞻性、全局性、创新性和系统性。擅长运营的企业往往拥有一套精湛的营销策划方法，把顾客的需求放在营销策划的重要位置，运用市场的调节作用和顾客的消费意识来设计合理的营销方案，从而提高企业的经营水平。需要特别注意的是：策划绝不单是点子、创意、想法，这些只是策划的一小部分。策划的作用是：①有助于企业营销活动的目的得到进一步明确；②有助于提高企业营销活动的针对性；③可以增强企业营销活动的计划性，避免主观随意性；④实现企业营销活动的个性化和差异化；⑤提高企业产品的竞争力和营销效益。

核心概念

- 营销策划
- 营销策划方案流程
- 用户思维

学习笔记

问题2. 新媒体营销策划方案包含哪些内容？策划的流程是什么？

新媒体营销策划方案包括宣传推文文案、广告语、活动安排、线上运营设置策划、线下活动的安排表等。

新媒体营销策划分三步走：

（1）定目标

从第三方平台上获取数据作为参考依据，做统计报表，明确营销的目的和目标群体。例如，终极目标可以是日订单量或日活跃率。

（2）做预算

根据推广方案做预算，给每个推广周期所涉及的推广细项做预算。预算需精细、可控性强，执行起来可落地。

【想一想】

通常在做活动营销方案策划前，都会根据活动需求做市场调查，那么，除了线下纸质调查外，我们还能使用哪些方法获取我们想要的信息？

（3）写方案

推广整体策略（方法＋执行力），测试最有效推广方法，集中优势资源在一个可能爆发的点上，不断放大，不断分析，直到引爆。

问题3. 通过用户思维来设计活动，可以给营销带来哪些好处？

1）用户精准度高，容易成交转化。

2）通过核心用户打造，容易实现用户裂变。

3）通过老用户带新用户，很容易与新用户建立信任。

4）通过用户后端价值挖掘，可带来持续性成交。

5）可以打造自己或企业的核心竞争力，防止竞争对手超越。

问题4. 撰写知乐庄园营销策划方案需注意哪些问题？

1）需根据知乐庄园实际拥有的娱乐项目、设施等，再结合精准的用户调查结果去考虑活动的设计。

2）结合节假日及不同季节，有选择性地设计活动。

3）设计活动时结合农家乐营销产品特点及客户需求进行设计。

4）多采用线上线下相结合的方式去设计活动，便于后期活动数据的收集。

 能力训练

（一）操作准备

了解知乐庄园营销策划方案撰写步骤：介绍背景→确定用户→制定营销目标→制定营销策略→策划活动方案。

（二）操作过程

撰写知乐庄园营销策划方案的步骤如下。

1 介绍背景

知乐庄园发展迅速，农产品种类众多，但缺乏品牌效应，没有体现农家乐特色。因此我们围绕"知乐美食节"系列活动设计了亲近绿色庄园露营活动的营销策划，让用户亲身体验农家生活，满足人们回归大自然的愿望，同时树立一种绿色环保、阳光健康的生活方式，从而带动知乐庄园及周边经济、生态环境健康协调发展。

2 确定用户

（1）精准分析用户

根据营销活动计划，进行用户调查，收集用户数据，根据已有的用户数据进行精准用户分析，识别出目标用户。

（2）目标人群细分

大学生：走进农村，体验生活；周末和朋友享受农家生活，享受农家特色菜。

年轻家庭：周末给孩子提供一个亲近大自然的机会；让孩子在玩耍中学知识。

公司白领：缓解越来越大的工作压力；享受现实生活中采摘的乐趣。

3 制定营销目标

1）通过开展草莓采摘、农务体验、团圆火锅宴等活动进行农家乐品牌宣传。

2）以优质的服务，树立企业品牌形象。

4 制定营销策略

（1）产品策略

1）服务产品策略：①根据报名人数准备配套设施，确保用户体验舒适度；②确定菜肴品种以及采摘开放量，保证物料充足；③室内外卫生环境优良，各类活动装饰体现农家乐特色。

2）品牌包装策略：①农家乐商品、室内用具、包装袋等物品要有明显 LOGO 标注；②宣传海报、宣传标语张贴在显著位置，同时在微官网、微信公众号发布营销海报，并采用送体验优惠券的形式鼓励转发及分享到朋友圈。

（2）价格策略

针对不同人群采取不同定价方法。

1）大学生：对于大学生用户，可以采用微官网上的会员积分策略，鼓励用户注册，反复消费获得积分，进行产品及活动抵扣。

2）白领及家庭：对于白领与家庭用户，利用微官网会员优惠政策，结合平台中的网络商城或微团购进行农产品的营销，当消费到一定金额，可享受折扣或其他活动体验。

3）对于老用户可以使用微官网会员卡，直接享受体验活动折扣价格，另外，可以利用微官网上的"推荐有奖"策略，鼓励老会员带新人参加活动，邀请的新用户加入会员后将给予

【查一查】

营销活动的对象是用户，确定用户的方法有很多，通过借鉴成功活动案例中所使用的确定用户的不同方法，分析并记录下来你的思路和想法。

老用户相应的积分或抵现金福利。

表 3-1-1 和表 3-1-2 给出两套价格策略供参考。

表 3-1-1　不同群体价格策略

烧烤器材（套）单价	66 元 / 人
团购价（10 人以上）	59 元 / 人
老用户	单价 ×8.5 折优惠
企业单位	单价 ×7 折优惠
工作日	单价 ×9 折优惠

表 3-1-2　套餐价格策略

套餐	内容	元 / 人
A	晚餐 + 住宿 + 早餐 + 烧烤	178
B	采摘 + 套餐 A	188
C	农务活动 + 套餐 A	168
D	团圆火锅宴 + 套餐 A	258
E	采摘 + 农务活动 + 团圆火锅宴（赠送套餐 A）	298

5 策划活动方案

表 3-1-3 中给出三套知乐庄园活动策划方案供参考。

表 3-1-3　三套活动策划方案

活动一	活动一主题	农家乐草莓采摘记
	活动时间	2022 年 1 月 30 日～2022 年 3 月 30 日
	活动地点	农家乐草莓园
	活动内容	草莓采摘、试吃
	活动预算	5000 元
活动二	活动二主题	农家乐农务体验
	活动时间	2022 年 3 月 30 日～2022 年 5 月 30 日
	活动地点	农家乐室外场地
	活动内容	垂钓、捡鸡蛋
	活动预算	3000 元
活动三	活动三主题	团圆火锅宴
	活动时间	2022 年 1 月 30 日～2022 年 3 月 30 日
	活动地点	农家乐餐厅
	活动内容	自助火锅
	活动预算	8000 元

6 梳理活动流程、物料采购及财务预算

在整个营销活动过程中，为了提高工作流程的执行力和活动内容的清晰化，建议使用表单进行内容梳理。

1）活动工作流程表，如表 3-1-4 所示。

表 3-1-4　活动工作流程表

工作名称	明细内容	开始时间	完成时间	负责人	备注
活动前工作					
材料采购	所需物资采购				
宣传工作	1. 宣传美食节海报 2. 宣传横幅、传单 3. 微官网、微信推广				
现场布置	搬台凳、拉横幅、搭建帐篷、布置现场气氛				
表单制作	报名表、问卷调查表				
安全准备	准备急救箱，并安排 3 名医务人员负责急救备用				
活动中工作					
全局监控	布置好各方面的工作，并认真检查，以防遗漏				
活动记录	捕捉美食节当天精彩瞬间，并有特派记者访问活动细节				
活动后工作					
营销运维	活动照片、视频素材整理，撰写制作活动推文及相册，发布在微官网与微信公众号				
	活动数据收集、分析，并产出报告，做好总结，为下一次活动提供参考依据				

2）线下活动物料表，如表 3-1-5 所示。

表 3-1-5　线下活动物料表

物料名称	数量	使用时间	购买/租借（归还）	负责人	备注
音箱	4 个				
话筒	4 个				
舞台架	1 组				
铺地面的地面胶	3 卷				
排插	4 个				
桌子	120 张				
尼龙绳	6 条				
包装绳	2 卷				
胶纸（大）	2 卷				
剪刀	8 把				
灭火筒	8 个				
垃圾桶	12 个				
垃圾车	2 部				
竹竿	粗 18 条 细 18 条				
计时表	4 个				
气球	3 包（两种颜色）				
彩带	3 卷				
爬梯	2 个				
电线	10 条				
用电	体育室				
帐篷	根据策划人数准备				

3）活动经费预算表，如表 3-1-6 所示。

表 3-1-6　活动经费预算表

活动名称	活动组名称	人数	单价／元	费用／元	活动时间	负责人	备注
摘草莓活动							
团圆火锅宴活动							
合计							

 学习结果评价

1．请对照下表检查学习任务的完成情况。

序号	评价指标	指标内涵	分值	得分
1	能按要求撰写一份新媒体营销策划方案	方案内容完整，设计合理	3	
2	创意要求与整体宣传策略相匹配	是否匹配	2	
3	将策划方案的内容在微官网上制作相应内容实现	至少有 3 个不同的元素展示：海报、微活动、微互动等	3	
4	活动策划主题	能与发展绿色城市的主题相吻合 主题活动与社会主义核心价值观相吻合	2	
	总分		10	

2．请你根据知乐庄园的特色，以学生为营销目标，策划一个暑假活动营销方案。

 问题情境

情境：营销活动策划方案发布后，未能起到营销效果怎么办？

分析每个环节并找出原因：
1）活动主题是否适合。
2）目标人群定位是否准确。
3）营销文案及线上线下的配套服务是否到位。
4）活动的时间点选择是否合适。

— ✎ 小思想大智慧 ✎ ——

创意是成功的基础，创新是引领发展的第一动力。说说你在生活中有哪些创意，举一例。

拓展提高

新媒体社群营销三大思维之"石头汤思维"

在很久以前，有三个士兵疲惫地走在一条陌生的乡村道路上，由于已赶了两天的路，三个士兵又饿又渴，疲惫不堪。突然，他们看到不远处有一个村庄，感觉看到了希望，于是快步向前走。当三个士兵接近一个村庄时，村民开始忙开了。他们知道士兵通常是很饿的，所以家家户户都把可以吃的东西都藏起来。士兵们挨家挨户讨吃的，还希望能在阁楼借宿，可是村民们都说没吃的东西、没住的地方，全村人还努力装出饿坏了的样子。

眼看天要黑了，再不吃东西，恐怕就要饿死了。饥肠辘辘的士兵们被逼出了一个绝招。士兵们搬来三块石头，对着村民说，我们要煮一锅全世界最好喝的石头汤。这种石头汤非常美味，如果有一口大锅就更好了。

有一位村民很好奇，石头还能煮成美味的汤？这也太神奇了，于是自告奋勇地说道：我愿意把我家里的大锅拿出来。

于是士兵把三块石头和水都放进了大锅里开始熬制，一边熬制一边说，如果现在有一些胡萝卜，那这锅汤就会更好喝，于是另一位村民拿出了此前藏起来的胡萝卜。

三位士兵继续熬制，继续说到：我们要熬制出世界上最美味的石头汤，如果现在有一些鸡肉就更好喝了。于是另一位村民又拿出了此前藏起来的鸡肉。

三位士兵不停地熬汤，不停地说：我们要熬制出世界上最美味的石头汤，如果现在有一些食盐、油、土豆就更好喝了。于是村民们纷纷拿出了自家的食盐、土豆等食物。

一个多小时以后，美味的石头汤就做好了，于是参与贡献材料的村民们和三个士兵都喝到了美味的石头汤。那么这三个士兵是使用了哪些方法喝到了美味的石头汤呢？

我们来进行分析一下，大致可以分为下面三步。

1 价值塑造

三个士兵从一开始就在不断地塑造石头汤的价值，核心点是"我们要熬制世界上最美味的石头汤"，从而不断引发村民的好奇心。

2 设置门槛

不是任何一个人都可以喝到美味的石头汤的，只有贡献了锅和食材的人，才能享用这个石头汤。如果没有门槛，所有人都可以尝到石头汤的话，那大家都想不劳而获，都在等待其他人贡献食材，也就不会有人贡献食材了，这锅汤就煮不成了。如果用在我们的微信社群运营方面，第一件事就是要设立门槛。如果你不设立门槛，自己辛辛苦苦建立的社群，用不了多长时间就会被各种杂七杂八的广告所打败，变为俗称"僵尸群"一样的死群。

3 成交用户

就是不断通过价值核心点来"引诱"并说服那些已经动摇的人，让他们贡献自己的食材。同样，我们在微信群运营时，要做好长期的价值输出，不断引导那些有意向参与的用户，最终实现成交。

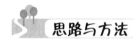

任务 3-2　设计并输出新媒体文案创意

任务描述

活动营销计划的策划方案做好之后，就需要我们着手设计、撰写营销文案来配合活动宣传和推广。今天就请你为小信知乐庄园的"亲近绿色庄园美食节活动"设计、撰写一份营销文案，并在社交媒体上发布这次活动的宣传推文。

学习目标

◇　知道新媒体文案撰写的要求和技巧。

◇　能按要求撰写一份新媒体文案，并用图文编辑器进行图文编排、输出。

◇　会在社交媒体上发布新媒体文案。

◇　能根据需求设计制作相关活动的新媒体表单。

◇　能够洞察用户心理，用创意吸引用户，且创意要求与整体宣传策略相匹配。

◇　文案的主题立意要高尚，与时代精神相契合。

思路与方法

问题 1. 新媒体文案的分类有哪些？

（1）按文案目的分类：销售文案和传播文案

销售文案是指能够立刻带来销售业绩的文案，如商品销售页介绍商品信息的文案，为了提升销售量而制作的引流广告图等。传播文案是指为了达到扩大品牌影响力的文案，如企业形象广告、企业节假日情怀文案等。销售文案要求能够立即打动客户，并促使顾客消费，而传播文案则侧重于是否能引起用户的共鸣，引发受众自主自发传播。

核心概念

· 新媒体文案
· 文案创意

（2）按篇幅长短分类：长文案和短文案

长文案为1000字以上的文案，短文案则为低于1000字的文案。通常来说，长文案需构建强大的情感场景；而短文案则在于快速触动，表现核心信息。由于行业的属性不同，所以文案的运用也会有所不同。在产品价格昂贵、顾客的决策成本较高的行业通常要运用长文案，如珠宝、汽车行业；而在价格较低、顾客决策成本较低的行业，则一般运用短文案，如清洁用品、塑料等快消产品行业。

（3）按广告植入方式分类：软广告和硬广告

软广告即不直接介绍商品、服务，而是通过其他的方式代入广告，如在案例分析中或在故事情节中植入广告品牌。受众不容易直接觉察到广告的存在，具有隐藏性。硬广告则相反，是以直白的内容发布在对应的渠道媒体上。一般而言，企业会根据不同的情况进行选择，需要高强度的品牌曝光次数及直接带动销售时，企业会选择硬广告；需要补充增加品牌曝光时则一般选择软广告。

（4）按渠道及表现方式的不同分类

传播渠道不同，文案的表现形式也有不同。如微信公众号支持多种形式的文案表现，纯文字、语音、图片、图文（即图片＋文字）、视频等；再如微博的发布仅支持140字，也可附图、附视频。

问题2. 新媒体与传统媒体相比，两者有哪些区别？

1）受众差异：传统媒体是"主导受众型"，而新媒体是"受众主导型"的，两者相比较而言，新媒体的受众有更广泛的选择权。

2）写作差异：传统媒体写作在进行文章内容输出时，没有针对性，无法知道哪类用户正在阅读输出的产品，写作大多以自己的所思所想进行输出，可以有过多的细节描述和气氛渲染，也可以单纯写自己的感悟和情绪，是否能够收获阅读量，只能靠运气。而新媒体写作主要面向市场，根据用户群体的类型去进行内容输出，因此可以使用一定的技巧吸引读者并让其与文章产生共鸣，让用户认为文章可以给自己带来利用价值，还能够针对用户内心深处的痛点进行输出。

3）传播差异：传统媒体从编辑到推广，需要非常烦琐的流程，审稿、排版、印刷等都要很长的时间才能推广出来，并且作者与用户不方便进行交流，无法进行实时互动。而新媒体的传播速度与传统媒体相比更为迅速，并且可通过各大媒体平台进行即时传播，用户阅读之后也能够及时地发表自己的感想与感悟，作者与用户之间互动变得很方便，更容易增进彼此之间的交流。

问题3. 针对知乐庄园输出文案创意时，应从什么方向入手呢？

可以根据知乐庄园提供的娱乐项目功能定位，进行活动文案的推广。例如，此次的美食节活动，就有垂钓、捡鸡蛋、摘草莓和团圆火锅等多种活动内容，因此就可以借助"优惠的吃住行活动"或者"性价比高的农产品"等相关文字作为文案亮点进行营销宣传推广，吸引用户参加活动。

【想一想】
在文案创意策划中，我们可以用什么方法来扩大文案的传播范围呢？

能力训练

下面为小信的知乐庄园撰写一份新媒体文案，并用 135 编辑器进行图文编排、输出。

（一）操作准备

1 发解新媒体文案的写作流程

命名标题→编写正文→描写结尾。

2 了解 135 编辑器编排图文的操作流程

在百度中搜索"135 编辑器"官网→打开 135 编辑器→通过"模板"菜单进行图文编排→保存同步或生成长图。

（二）操作过程

1 新媒体文案的写作方法

（1）命名标题

标题是受众对文案的第一印象，受众往往会根据它来决定该篇新媒体文案是否有继续点击和阅读的价值。因此新媒体文案的标题是决定文案能否成功的关键。命名标题时应注意以下几点。

1）标题要真实、要有趣、要有痛点、可口语化。真实是标题的第一原则，可以让受众明确企业想要表达的真实信息；有趣的标题能直接吸引用户查看具体内容；有痛点的标题会让用户有所感触，从而联想到自身利益；口语化的标题能够降低受众的阅读难度。

2）标题的命名可以用提问式、悬念式、猎奇式。提问式标题就是用提问的方式来引起受众的注意，让他们去思考问题，加深他们对文案的印象，写作时可以从受众关心的利益点出发。悬念式标题就是侧重于鲜少听闻的、让人比较震惊的或者是不合常理的消息去博取关注，引发人们的思考，让受众带着思考阅读搜索答案，写作时多用反向思维。猎奇式标题就是利用人们的好奇心理和追根究底的心理，引起他们点击文章的兴趣，写作时可以用背离平常人的思维作为切入点来思考。

（2）编写正文

1）文中巧用亮点词汇。亮点词汇可以在第一时间让用户知道该文章传递的内容，快速吸引用户的关注，并使读者产生心灵共鸣。

2）文中涉及最新热门内容。通过借助最新的热门事件和新闻，引导读者对文案的关注，提高文案的点击率和转载率。

3）文中加入文化素养内容。运用古诗词、成语典故、歇后语、特色方言等，提升软文的文学性，给读者提供不同的感受。

4）文中穿插故事情节。用跌宕起伏的情节和丰富感人的故事吸引用户阅读，拉近文章与受众的情感距离。

（3）描写结尾

1）结尾融入场景，更容易打动人心，可以截取合适的场景，如读者生活中的常见画面。

2）结尾引用名人名言金句，画龙点睛，帮助读者感悟文章核心内容，引起读者共鸣。

3）结尾引导用户留言，如"大家可以说一说最近有什么让你特别感动的事情？欢迎大家在下方评论区留言"……

2 制作推文的操作流程

1）在百度中搜索"135编辑器"官网（注意链接后面要有蓝色的"官方"两字）。如图3-2-1所示，单击进入135编辑器官网。也可以通过官网客户端下载安装后使用。考虑到使用的便捷性还是比较推荐使用网页在线编辑方式。

图3-2-1　搜索135编辑器

2）登录"135编辑器"编辑页面后，单击右上角的"登录"，会弹出登录窗口，我们直接用微信扫一扫功能扫描二维码关注公众号后，网站就能顺利登录了。单击首页上方"进入编辑器"选项如图3-2-2所示，进入编辑器页面，如图3-2-3所示。

图3-2-2　"135编辑器"PC客户端编辑页面

图 3-2-3 编辑器页面

3）挑选"模板"进行正文编排。

① 选中页面左侧"模板"模块，在搜索框中输入"餐饮美食火锅模板"后回车。选择最后一个模板，单击"整套使用"按钮即可，如图 3-2-4 所示。

图 3-2-4 选择"整套使用"

注意

　　此时，页面会跳出如图 3-2-5 所示的版权声明，提示务必注意版权。如果需要删除图文信息，可选择图片或文字等组件在弹出相应的菜单中点选删除操作，如图 3-2-6 所示，千万不要选中对象直接按 Del 键删除，否则页面会出现乱码。

使用提醒

模板中的文案和图片仅作为示例，使用时请自行替换！
如果直接使用文案不做任何改动，并开启"原创声明"的，官方有权追究责任！

今日不再提醒　　　　　　　　　　　　　　我知道了

图 3-2-5　版权声明

图 3-2-6　删除页面

　　② 删除原有的 135 编辑器动态标题，在标题处输入：【美食节来啦】让你馋得流口水的美食节！可将字体改为 16px，加粗且居中，让标题更突出，原有的火锅图片可保留，如图 3-2-7 所示。

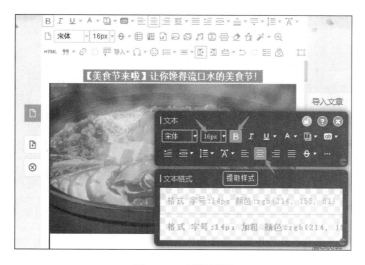

图 3-2-7　标题页面

③ 在正文处输入推文内容：

严严冬日，当然是少不了热腾腾的火锅来抵抗寒冷啦！

作为一枚资深吃货，小编始终信奉，世界上没有什么烦恼是一顿火锅不能解决的。如果有，那就再吃一顿！

今天，小编要给大家安排一个吃货界的大事。

知乐庄园"又双叒叕"搞事情啦！以"春节团圆火锅"为主题的 2022 年知乐庄园美食节将于 1 月 30 日举办啦！

活动时间：2022 年 1 月 30 日 12:00 ~ 24:00。

活动地点：知乐庄园。

再保留模板中火锅及配菜的图片，如图 3-2-8 所示。

图 3-2-8　正文页面

④ 在结尾处输入：

本次美食节将让大家品尝到麻、辣、鲜、香的火锅！

体验到多种福利！

还有抽奖活动呦！

欢迎大家积极参加！

单击模板结尾处，将文字粘贴上去即可，火锅菜品的图片保留，如图 3-2-9 所示。

图 3-2-9　结尾页面

4）图文的保存与输出。标题、正文和结尾的内容编辑完成后，可以通过页面右侧的菜单选择图文保存与输出的方式，如图 3-2-10 所示。

① 快速保存：由于登录的是免费账号，可以将图文暂存在本账号的 135 编辑器平台中。

② 微信复制、外网复制：单击后会自动选择刚才编辑的所有图文进行复制，可复制至微信公众号图文编辑窗口中，也可以复制至第三方平台微官网的图文编辑器中。

③ 保存同步：需要提前将 135 编辑器与你的微信公众号进行绑定，然后才可以同步保存编辑的图文至微信公众号内。

④ 生成长图：可将刚才编辑的图文输出为长图格式进行保存，由于使用的是免费账号，所以我们只能输出有限的格式和图片精度，并会打上相应的官网水印（此处可参考素材包中导出的样张）。

✦小提示

　　微信复制、外网复制与保存同步的操作，都需要微信公众号为已经通过认证的账号才可操作，非认证账号会出现同步失败和粘贴图片丢失的现象。

图 3-2-10 保存页面

5）发布图文。编排完毕的图文，我们有如下两种新媒体发布方法：

① 在微信公众号中创建活动图文信息进行有目的群体的发布。

② 在微官网中创建单图文素材，将 135 编辑器中完成的内容复制到单图文编辑器中进行保存并链接到相关的菜单中。

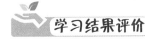 试一试

图文编排除了可以使用 135 编辑器外，你知道还有哪些图文编辑工具呢？尝试使用不同的工具进行图文编排，并记录下它们的区别。

学习结果评价

1. 请对照下表检查学习任务的完成情况。

序号	评价指标	指标内涵	分值	得分
1	会按要求撰写一份新媒体文案	是否能促进商品或服务的销售 是否增强了庄园的美誉度、知名度 是否能反映庄园长期发展的规划 是否能促进品牌的价值提升	4	
2	会在社交媒体上发布新媒体文案	能利用微信公众号、微官网发布新媒体文案	2	

续表

序号	评价指标	指标内涵	分值	得分
3	创意要求与整体宣传策略相匹配	文案是否实用、科学 文案与社会效应的关系	2	
4	会根据需求撰写活动相关表单	能根据活动方案设计一目了然的活动表单	2	
总分			10	

2．请设计、撰写一个在初秋时节知乐庄园的活动策划文案。

 问题情境

情境：设计文案创意时没有方向和思路，该如何处理？

1）建议先使用思维导图列出活动提纲，根据活动的主题以及商家的需求通过发散性思维获得灵感。

2）搜集关于此类活动的相关优秀文案进行学习、模仿和借鉴。

 小思想大智慧

创意是成功的法宝。但切不可为了成功，窃取或随意模仿他人的创意，这样会触犯法律法规。

 拓展提高

梅花网（https://www.meihua.info/）上有很多营销专业领域的丰富内容。该网站聚焦多个行业中的营销案例，其作品涵盖平面海报、视频制作、创意设计、公关活动等多个方面，有丰富的文章资源供用户在线阅读浏览，因此能够为营销小白提供很多免费的市场营销资讯、资源、案例和行业知识内容。使用梅花网创建文案时，只需根据自己想要表达的需求，在搜索框中输入关键词即可查看各类精美的文案，并且还能按照自己的产品要求修改使用。除了具有营销作品库外，梅花网还有跨媒体的监测数据库以及具体的排行榜单，能帮助用户通过浏览优秀作品和文案来激发灵感，产生自己的文案创意。但是使用过程中务必不能有侵权行为。

任务 3-3 设计各类活动模块并应用于线下活动

任务描述

根据活动营销策划方案的流程，知乐庄园的活动文案已经在微信公众号与微官网上发布，接下来需要按照计划进行线上活动的相关设置。今天就请你为小信的知乐庄园活动来设置微活动和微互动，使之与线下的美食节活动相匹配。

学习目标

◇ 能够根据客户的不同需求选择微活动和微互动，并与线下活动匹配。
◇ 会设计并设置相关微活动后应用于线下活动。
◇ 会设计并设置相关微互动后应用于线下活动。
◇ 能够洞察用户心理，并且创建的活动要与整体宣传策略相匹配。
◇ 能够增强学生对微官网的设计与制作工作内容的责任心。

思路与方法

核心概念

· 微投票
· 摇一摇抽奖
· 活动数据回收

问题 1. 设置微活动、微互动这类线上活动与线下活动有什么样的关系？

线上活动与线下活动是相互配合、相互促进、相辅相成的关系。线上活动可以根据线下活动的要求进行调整，线上活动一般有较好的虚拟体验和传播效果，而线下活动的真情实感则更能触动用户的视觉、听觉等体验。因此，线上和线下两者之间优势互补，是不可或缺的整体。

问题 2. 设置微投票的作用及注意事项是什么？

1）作用：由于微信公众号内提供的投票功能较为简单，而微官网中的微投票在功能上较为丰富。通过微投票我们能通过投票数据统计进一步挖掘潜在消费客户，一定程度上增加企业的收益。

2）注意事项：设置微投票时注意要根据活动策划方案选择可参与投票的对象，以及选择允许投票的次数选项，微投票内容设计也要考虑最终获得的数据结果是否与活动策划方案相匹配。

问题3. 匹配线下活动时，应该如何选择微活动和微互动？

1）微活动、微互动的选择应该与线下活动内容相匹配，要从企业和商家的需求出发安排活动内容，同时也要能够刺激用户的心理，达到活动举办的目的。

2）微活动、微互动的选择和设置应该考虑到后期活动数据的收集，便于后期的数据分析、反馈和回收。

问题4. 微活动、微互动的设置能为知乐庄园美食节线下活动带来什么增益效果？

1）微活动、微互动的设置丰富了美食节的活动内容，增加了活动的多样性。

2）微活动、微互动的设置具有广告宣传效应，能够通过不同的线上平台进行粉丝引流。

3）微活动、微互动的设置产生的相关活动数据为后续活动营销提供参考依据。

能力训练

下面我们来设置知乐庄园活动中微活动和微互动的内容。

(一) 操作准备

1 微活动"摇一摇抽奖"的操作流程

打开"微官网活动→摇一摇抽奖→摇一摇抽奖"选项卡→设置活动页面→设置奖项页面→设置规则页面。

2 微互动"微投票"的操作流程

打开"微官网互动→微投票"菜单→单击"新增"按钮填写页面信息。

(二) 操作过程

1 微活动"摇一摇抽奖"的操作流程

1）选择"管理中心→微官网活动→摇一摇抽奖"菜单，打开"摇一摇抽奖"选项卡，如图3-3-1所示。

【想一想】
在知乐庄园活动策划中，微活动、微互动的设置是否与线下具体的设施设备有密切关系呢？

📖 学习笔记

图 3-3-1 微官网活动—摇一摇抽奖页面

2）单击"新增"按钮，如图 3-3-1 所示，进入活动设置页面，可参考使用本书资源包内素材在该页面填写活动信息，信息如下。

在"活动触发关键词"处填写：摇一摇抽奖。

在"活动名称"处填写：快来摇一摇，超级大奖等你来拿。

在"微信消息图"处上传指定的摇一摇微信消息图。

在"微信消息摘要"处填写：请点击进入摇一摇抽奖页面。

在"活动说明"处填写：

1. 活动开始前请各位用户扫描二维码关注知乐庄园微信公众号；

2. 在公众号内输入关键词"摇一摇抽奖"并发送，之后会收到活动参与信息；

3. 单击消息链接填写自己的姓名和电话即可参与抽奖活动。

在"活动时间"处根据实际填写时间及活动计划要求的时间选填，注意计算时间的准确性。

填写结果如图 3-3-2（a）、（b）所示。

3）单击"下一步"按钮，进入奖项设置页面，如图 3-3-3 所示。

单击一等奖的"编辑"按钮，填写信息如下。

在"奖项说明"处填写：一等奖。

在"奖品名称"处选择"普通奖"，并填写"免费住宿一晚"。

在"奖品数量"处填写：2。

在"中奖几率"处填写：2%。

在"当天次数"处填写：2。

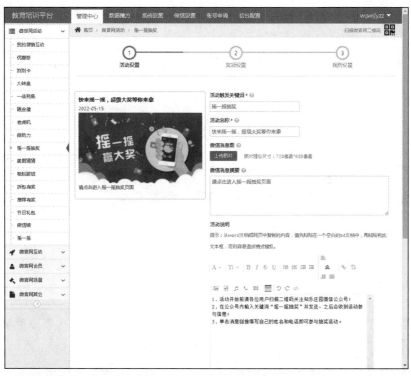

（a）

（b）

图 3-3-2　活动设置页面

图 3-3-3　奖项设置页面

在"每人总次数"处填写：1。

在"每人每天次数"处填写：1。

填写结果如图 3-3-4 所示。单击"确定"按钮进入下一步，返回奖项设置页面，同样的方法继续编辑"二等奖""三等奖"，最终结果参考图 3-3-5 所示。

图 3-3-4　一等奖编辑页面

4）单击"确定"按钮即可，如图 3-3-6 所示。单击"下一步"按钮，即可进入规则设置页面，如图 3-3-5 所示。

图 3-3-5　奖项编辑完成页面

在规则设置页面填写信息如下。

在"每人参与的总次数"处填写：1。

在"每人每天可参与次数"处填写：1。

在"每人中奖的总次数"处填写：1。

在"每人每天可中奖次数"处填写：1。

在"领奖提示语"处填写：请留下您的手机号码，我们的工作人员会联系发奖。

在"是否展示奖品数量"处勾选。

填写完成后单击"完成"按钮即可。

图 3-3-6　规则设置页面

2 微互动"微投票"的操作过程

1）选择"管理中心→微官网互动→微投票"菜单，打开"微投标管理"选项卡，如图 3-3-7 所示。

图 3-3-7 微官网互动—微投票页面

2）单击页面"新增"按钮填写微投票相关信息，如图 3-3-8 所示。

① 填写活动信息如下。

在"回复关键词"处填写：美食节投票。

在"微信消息标题"处填写：欢迎参加知乐庄园美食节投票活动。

在"活动时间"处根据实际填写时间及活动计划要求的时间选填，注意计算时间的准确性。

在"微信信息摘要"处填写：关注知乐庄园微信公众号，选择你最喜欢的活动。

单击"全体用户"按钮，并勾选"投票时用户填写姓名、手机号"和"允许每天投票"。

单击"题目设置"按钮，即可进入题目信息填写页面，如图 3-3-8 所示。

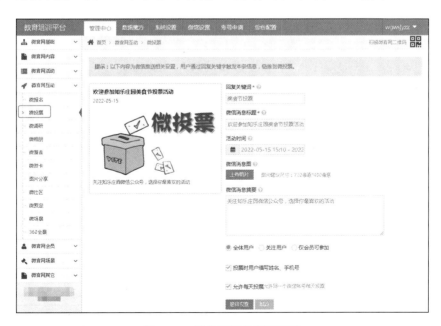

图 3-3-8 微投票信息填写页面

② 题目信息填写页面内容如下。

在"活动说明"处填写：此次美食节你最喜欢的一项活动是什么？

在"投票主题"处填写：请选择您最满意的活动！

单击"文字形式"按钮。

在"投票项1"处填写：团圆火锅宴。

在"投票项2"处填写：采摘草莓。

在"选择模式"处单击"单选"按钮。

在"投票结果设置"处勾选"显示投票百分比"。

在"排序方式"处勾选"按照原始排序"。

填写完成后单击"确定"按钮即可，如图3-3-9所示。

图 3-3-9　题目信息填写页面

试一试

　　会员制的营销推广与微活动、微互动设计有着密切的联系，针对知乐庄园此次活动的营销方式，请你分析哪些环节能融入会员制营销策略？

学习笔记

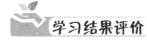学习结果评价

1. 请对照下表检查学习任务的完成情况。

序号	评价指标	指标内涵	分值	得分
1	创建的活动要与整体宣传策略相匹配	活动是否与宣传策略相匹配	2	
2	会设计并设置相关微活动应用于线下活动	是否完成	3	
3	会设计并设置相关微互动应用于线下活动	是否完成	3	
4	活动模块应用策划时，注意做到守时守信；在线上活动设置中，能注意活动时间与奖项设置的公平公正	是否完成	2	
	总分		10	

2. 根据任务 3-1 中的学生为营销目标而策划的暑期活动营销方案，你认为平台系统中的哪些微活动和微互动项目较匹配于这次活动？请尝试在平台系统中进行设置。

问题情境

情境：假如活动过程中出现无人中奖的情况，该如何处理？

前期在后台设置活动规则的时候一定要注意抽奖次数与中奖机会的比例，以此来避免出现所有人都中奖或者无人中奖的情况。我们可以先尝试创建一个抽奖活动，在公司团队中找多人进行测试，在测试成功无误后再投放至线下活动中。

拓展提高

"凡科互动"是一款专为企业提供活动营销的新型工具。由于它拥有众多 H5 互动小游戏、类型丰富的免费模板，以及上百种可适用于多种活动场景的营销方式，因此对于企业营销小白来说非常实用和便捷。作为专业营销工具，凡科互动的特色就是把营销融入到娱乐之中，帮助企业根据需要来添加超级大转盘、刮刮乐、疯狂抢红包和冲上云霄等小游戏，以满足用户对活动趣味性和挑战性的需求。同时通过凡科互动，企业可以快速创建具有自身特点的营销活动软性植入品牌，增加产品曝光率，也能够用多样的互动实现品牌推广，提升品牌知名度。

— 小思想大智慧 —

诚信是商家经营活动的基本准则。无论是线上还是线下活动，都要讲诚信。

任务 3-4 采集、分析及再次利用活动数据

任务描述

在圆满结束了知乐庄园新春活动后，为了让下次活动能有更好的营销效果，精准吸引大量目标用户，我们需要收集这次活动的用户体验数据。接下来，请你帮助小信为知乐庄园营销活动做一份新媒体活动数据分析报告，为下一次活动做指导。

学习目标

◇ 知道新媒体活动数据的数据源。
◇ 能简单阐述新媒体活动数据的采集与分析的方法。
◇ 能使用在线网站设计与制作新媒体表单。
◇ 能使用 Excel 进行活动数据的筛选与图表制作。
◇ 能根据数据分析表格撰写新媒体活动报告。
◇ 逐渐养成认真负责、严谨细致、静心专注、精益求精的工作态度。

思路与方法

问题1. 数据分析的流程是什么？

数据分析的终点是得出原因结论，形成指导后续方向和行动的建议/决策。到达数据分析终点需要以下三步流程。

第一步，明确问题或目标。

这是数据分析的起点，决定了数据分析的中心和方向，是有效数据分析的前提。在明确问题时，需要避免先入为主的问题界定，应更多从现象和数据出发，并且划定问题的范围和目标，进而能够指导后续的分析范围和分析思路。

第二步，拆解分析原因。

基于确定的问题或目标，进行进一步地拆解分析，定位出产生问题/影响目标的关键因素。大部分情况会出现多个影响因素，需要判断并分析影响的大小，验证因素作用。高效拆解分析需要数据分析方法和运营实践经验的结合，方法下文分享，经验慢慢积累。

第三步，得出建议结论。

数据分析最后一步的价值是找到问题的解决建议方法或目标的达成路径，

核心概念
· 数据分析的流程
· 在线表单制作
· Excel 数据图表制作与分析

【想一想】

活动结束后我们要进行活动复盘。考虑一下通过此次知乐庄园活动获得的数据和图表对我们今后的营销策略都有哪些帮助？

📑 学习笔记

需要输出结论和建议。结论指问题的关键因素、因素的影响方式/大小、其他相关因素；建议指如何去影响关键因素、需要采取何种行动、行动的思路和策略。数据分析后，要继续行动起来。

问题 2. 数据采集的方式有哪些？

数据采集方式按照线上采集与线下采集两大类进行分类。

（1）线上采集数据

1）开放数据，指的是互联网中面向所有人公开的数据，其中包括面向特定行业公开的数据，各级政府公开的数据以及网页中相关的内容数据。

💡 注意

获取开放类数据，我们可以使用爬虫技术，但在使用时一定要遵守相关法律，切记不要触碰以下红线：

① 个人信息、商业秘密与国家秘密是数据抓取的红线。

② 遵守职业道德，控制爬虫访问频次，不要干扰被抓取方的正常业务活动。

③ 遵守 robots 协议（爬虫协议），明确什么内容能抓取，什么内容不能抓取。

2）第三方平台数据，我们可以通过第三方平台提供的 API 接口来调取相关数据。

3）物理数据，指的是用户在物理世界产生的数据，它们大量存在于传统制造业中。例如，用户使用手机时手机的各类传感器（如指纹传感器，记录用户指纹用于解锁手机或支付等行为；陀螺仪，通过角动量守恒原理记录角速度用于手机导航等行为）产生的数据。

4）APP 数据埋点类，在各类 APP、Web 端应用或小程序上的操作行为称为事件，只需要研发为事件植入的监控代码，每当事件被触发时，后台就可以采集该事件的相关信息，上传到服务器。

（2）线下采集数据

1）问卷调查，是目前广泛采用的调查形式，根据调研目的设计问卷，并采用抽样方式确定调查样本，完成调查。问卷调查的步骤一般为：①确定用户及样本量（根据调查目标选择符合特征的用户，尽可能多地涵盖符合目标的各类人群）；②设计调查问卷框架；③发放问卷（试调研/正式调研）；④汇总数据，撰写报告。

2）用户访谈，是用户研究中非常常用的一种方式，是运用有目的、有计划、有方法的口头交谈向用户了解事实的方法。一般用户访谈的步骤为：①确定调研的目标与内容；②确定用户和样本；③确定访谈与提纲；④进行访谈；⑤汇总报告。

问题 3. 如何设计在线调研问卷才能更好地与活动相结合？

（1）深入了解活动整体情况

设计问卷首先要圈定一个问题范围，确定问卷的大方向，即想了解哪些方面需求？要解决什么问题？如果大方向出现偏差，那收集的数据基本为无效数据。

（2）有相关的文献作铺垫

设计者可阅读相关的行业研究报告或类似的问卷研究，也可找一些相关的数据进行分析，可为设计问卷提供新思路。

（3）了解参与活动的用户

设计过程中，重点了解用户基本情况、活动体验、想再次体验的互动及过程中需要解决的问题等，从而使设计内容更有针对性，收集的数据可以成为下次活动更有效的依据。

问题 4. 知乐庄园营销活动结束后，调研问卷应重点收集哪些数据？

营销活动结束后，要立即开始关注活动的后续影响，直到下次活动开始。因此需要收集用户对活动的满意度，以及对未来的需求和对新活动的想法，抓住用户的注意力，从而为下次活动提供丰富的内容体验，也可以把参加本次活动的用户作为日后营销活动的对象。

 **能力训练**

（一）操作准备

了解知乐庄园营销活动数据的采集、分析及活动报告产出的操作流程：活动数据的采集（微信公众号后台、微官网的微报名表单、在线活动调查问卷回收）→使用 Excel 进行活动数据的清洗、筛选及汇总→使用 Excel 透视表及透视图功能进行数据可视化设计→使用 Word 或 PPT 撰写复盘活动数据报告。

（二）操作过程

无论是企业还是个人，要想做好、做大、做强自己的新媒体营销渠道，策划举办一些新媒体活动是一个非常有效的手段。除了成功举办活动外，我们更应该学会如何进行新媒体活动数据的分析，从而了解此次活动是成功还是失败，其性价比以及后续的改进可以有哪些。在整个活动中会产生大量的数据，但不同平台、不同形式的数据，其分析方式与统计方式也都有所不同。为了使活动数据分析更精准、有效，我们必须通过科学的方法进行挖掘与整理。就知乐庄园本次营销活动来说，我们能获得的数据可以从以下几个方面获取。

1 微信公众号后台数据

如果需要分析的数据已经在新媒体平台后台存在，则我们就不需要再花费时间进行设计与挖掘，直接从系统后台复制或者下载数据即可。由于本次活动开始前我们通过微信公众号、微官网发布过活动预热信息，所以从微信公众号后台我们可以获取相关数据（活动期间用户的增长数、菜单的点击次数、单篇图文的相关数据等），如图 3-4-1 所示。

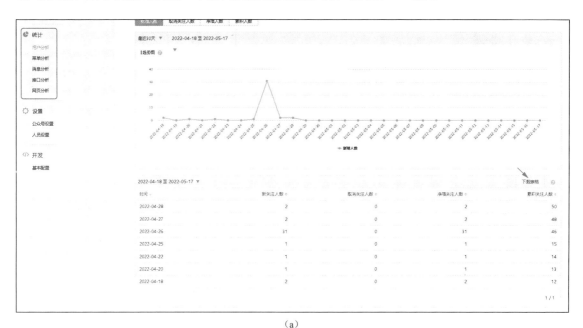

（a）

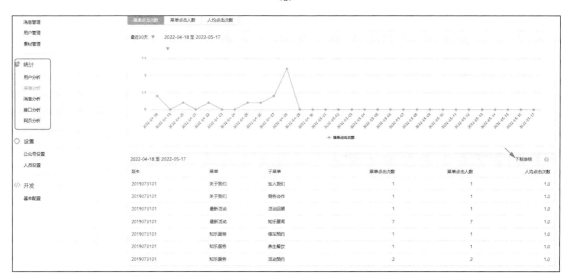

（b）

图 3-4-1　微信公众号后台数据

2 微官网中会员卡、微活动、微互动数据

我们在活动中通过微官网平台设计过的微活动、微互动都会留下每次活动的相关数据。对于本模块中设计有摇一摇抽奖与微投票活动，我们能在后台获得 5 种相关数据的表格，如图 3-4-2 所示（文件内容详见提供的资源包中数据采集、分析与再利用文件夹）。

图 3-4-2　微官网获得的相关数据表格

3 设计在线问卷获取数据

由于微官网中提供的微投票获取的相关数据比较简单，所以我们需要使用较为专业的"问卷网"在线问卷调查系统来设计知乐庄园营销活动的满意度调查，大致步骤如下。

（1）注册问卷网

进入问卷网官网，如图 3-4-3 所示。

登录问卷网可以使用"QQ 登录"或"微信登录"两种登录方式。我们本次选择使用"微信登录"。单击"微信登录"，弹出"微信登录问卷网"二维码窗口，使用手机微信"扫一扫"窗口中的二维码，弹出"用户服务协议及隐私政策"窗口，如图 3-4-4 所示。

图 3-4-3　问卷网官网界面

图 3-4-4 问卷网"用户服务协议及隐私政策"确认窗口

单击"同意"按钮，弹出问卷网引导页。单击"我知道了"按钮，进入问卷网首页。在首页可新建一个表单。问卷网提供了"问卷调查""在线考试""报名表单""满意度调查""在线评测""在线收款""投票评选"等十几种应用场景，如图 3-4-5 所示。。

图 3-4-5 问卷网提供的场景

（2）选择问卷模板

这里选择"满意度调查"场景，进入满意度调查页面，在搜索框中输入"农家乐"后回车，搜索结果如图 3-4-6 所示。

图 3-4-6　使用满意度模板

单击"农家乐调查问卷"模板，弹出"模板预览"窗口，选择"电脑"版，如图 3-4-7 所示。

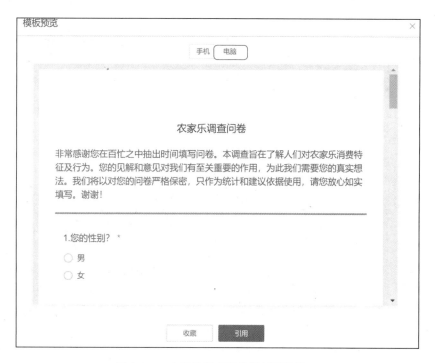

图 3-4-7　农家乐调查问卷模板预览窗口

（3）制作问卷

单击"引用"按钮，进入"农家乐调查问卷编辑"页面，设置问卷名称为"知乐庄园用户调查问卷"，如图 3-4-8 所示。该页面菜单功能较多，可根据需要在此页面中完成调查问卷各个题目设置，题型举例如图 3-4-9 所示。

图 3-4-8　调查问卷编辑页面

图 3-4-9　题目设置

（4）发布问卷

在正式发布问卷项目前，可以先单击页面上方"预览"按钮，分别在"手机"端和"电脑"端查看发布效果，如图 3-4-10 所示。确认无误后即可通过。

图 3-4-10　问卷预览

单击"发布并分享"按钮，完成问卷发布。最后可通过"制作二维码海报"分享到微信、QQ、微博等社交平台，也可复制问卷链接进行转发。

（5）数据分析

调查问卷发布一段时间后，可登录问卷网进入"我的项目"页面，找到"知乐庄园用户调查问卷"，单击"数据"查看调查结果，并通过数据报表分析数据，为下一次活动作数据支撑，如图 3-4-11 所示。

图 3-4-11　收集用户数据

4 源数据的清洗、筛选

在这里，Excel 已经不再是一款简单的表格制作工具了，其常用的一些函数能让数据分析达到事半功倍的效果。下面汇总了 Excel 中一些可作为数据清洗与筛选的常用函数。

- 数学函数：求和（sum）、计数（count）、平均（average）、最值（max、min）、乘积（product）、除余（mod）、取整（round、int）。
- 逻辑函数：if、iferror、and、or 等。
- 文本函数：文本提取（left、right、mid）、文本查找（find、search）、文本替换（replace）、文本转换及合并（lower、upper、concat）。
- 查找与引用函数：vlookup、hlookup、lookup、indirect、index、match 等。
- 排序函数：rank（排序的目标数值、区域、逻辑值），逻辑值如果输入 0 或者不输入时，为降序排列（数值越大，排名越靠前）；逻辑值输入非 0 时，为升序排列（数值越大，排名越靠后）。
- 逻辑判断函数：if（计算条件的表达式或值，满足条件返回 true，否则返回 false），根据指定条件来判断其"满足"（True）或"不满足"（False），从而返回相应的内容。
- 计算文本长度函数：len（要计算字符长度的文本），用来计算文本串的字符数。
- 如果数据表中有标题为空，将无法制作数据透视表，此时需要将标题补充完整。
- 如果存在相同的列标题，数据透视表会自动添加序号以区分，所以尽量不要存在相同的列标题。
- 如果存在合并单元格，除第一个单元格外，其他单元格均被作为空值处理。所以尽量取消合并的单元格，将单元格填充完整。
- 如果存在非法日期，生成的数据透视表中，则无法按日期格式进行年、月、日格式进行筛选和组合，应尽量转换成 Excel 认可的日期格式。
- 如果存在文本型数字，将无法在数据透视表中正确求和，此时须将文本数字转换成数值型数字后方可进行相关的汇总统计。

注意

对获取的原始数据除了做必要的清洗、筛选处理外，还要做到保证表内无空标题行、无重复行标题、无合并单元格、无非法日期和数字格式。

图 3-4-12（a）、（b）所示为通过使用 Excel 对知乐庄园活动中所收集的多种源数据进行清洗和筛选，并形成我们汇报所需的综合数据报表。

净增关注人数

时间	汇总
2022/3/1	97
2022/3/2	123
2022/3/3	156
2022/3/4	163
2022/3/5	152
2022/3/6	21
2022/3/7	201
2022/3/8	195
2022/3/9	144
2022/3/10	27
2022/3/11	27
2022/3/12	93
2022/3/13	101
2022/3/14	24
2022/3/15	118
2022/3/16	105
2022/3/17	135
2022/3/18	9
2022/3/19	112
2022/3/20	37
2022/3/21	25
2022/3/22	18
2022/3/23	93
2022/3/24	58
2022/3/25	83
2022/3/26	148
2022/3/27	98
2022/3/28	69
2022/3/29	64
2022/3/30	162
总计	2790

微信公众号菜单点击次数汇总

二级菜单	汇总
活动回顾	232
活动预约	241
加入我们	442
商务合作	344
停车预约	288
养生餐饮	473
知乐要闻	992
总计	3012

推文阅读区域分布

特征	汇总
安徽省	1
贵州省	1
河南省	1
湖北省	1
湖南省	1
江苏省	3
江西省	2
辽宁省	1
内蒙古	1
山东省	3
山西省	1
四川省	2
未知地域	3
浙江省	4
上海市	359
总计	385

性别分布

特征	汇总
男	32.99%
女	67.01%
总计	100.00%

数据

特征	人数	占比
18-25岁	52	0.135064935
18岁以下	28	0.072727273
26-35岁	76	0.197402597
36-45岁	79	0.205194805
46-60岁	138	0.358441558
60岁以上	12	0.031168831
总计	385	

数据

阅览位置	跳出比例	伪读比例
0%		0.95
5%		0.95
10%		0.95
15%	0.0024	0.95
20%	0.0071	0.95
25%	0.0071	0.94
30%	0.0047	0.93
35%	0.0071	0.93
40%	0.0024	0.92
45%	0	0.92
50%	0.0024	0.92
55%	0.0071	0.92

推文传播渠道 / 传播渠道

日期	公众号消息	好友转发	历史消息	朋友圈	朋友在看	其他	全部	搜一搜	总计
2022/3/1	183	10	11	173	6		366	1	750
2022/3/2	23			31	6	3	59		122
2022/3/9	151	5	4	247	6		400		812
2022/3/9	7	1	2	10			21		42
2022/3/11	3			5					12
2022/3/12	3			1			18	1	24
2022/3/13	3			1			5		10
2022/3/14	1						2		5
2022/3/15				1					3
总计	383	16	19	470	18	4	878	2	1790

（a）

微官网会员新增开卡数

日期	汇总
2022/3/1	7
2022/3/2	98
2022/3/3	21
2022/3/4	7
2022/3/5	7
2022/3/6	13
2022/3/7	37
2022/3/8	45
2022/3/9	1
2022/3/10	89
2022/3/11	74
2022/3/12	87
2022/3/13	24
2022/3/14	24
2022/3/15	83
2022/3/16	84

会员消费金额

消费类型	时间	汇总
充值		51155
消费		27157
总计		78312

会员积分变动统计

积分类型	汇总
充值获得积分	20162
积分兑换	-3897
领卡赚取	3400
消费获得积分	1472
总计	21137

知乐庄园美食节最佳活动投票结果

活动项目	汇总
采摘草莓	6
团圆火锅宴	24
总计	30

（b）

图 3-4-12　对活动中收集的源数据进行清洗和筛选

5 Excel 数据可视化

我们除了能用 Excel 的一些基本公式函数来进行数据的清洗与处理外，还能运用 Excel 的数据透视表功能进行案例数据的分析与展示。数据透视表就是一个快速对明细数据表进行各种分类汇总的数据分析工具。

- 筛选器：可按指定条件过滤筛选数据进行汇总统计。
- 行标签：该区域的字段会按照上下排列显示。
- 列标签：该区域的字段会按照左右排列显示。
- 数值：将要统计的数据列放在该栏目内就行，可选各种汇总统计方式，如计数、求和、平均等。

通过 Excel 中的数据透视表与数据透视图，将处理过的活动综合数据进行数据可视化，便于在汇报中以通俗易懂的方式呈现，如图 3-4-13 所示。

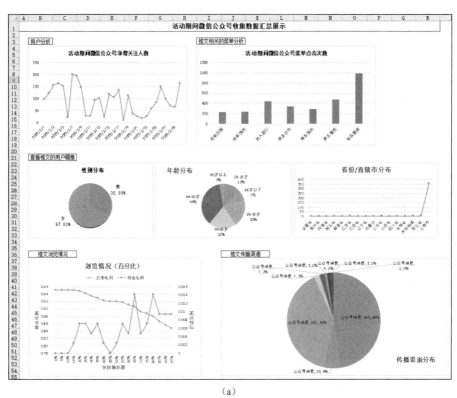

（a）

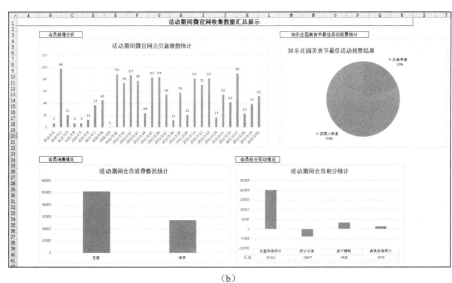

（b）

图 3-4-13　将处理过的活动综合数据进行数据可视化

6 复盘数据报告的制作——Word 与 PPT

数据分析工作完成后我们通常需要向领导汇报本次活动的成果。但这么多的数据与表格还不能系统地展现出活动的成果。我们就需要做出一份数据分析报告。

（1）用 Word 编写数据分析报告

当数据分析报告需要上交存档或让上级领导查看详细分析过程，而不是在会议中展示讲解用时，我们通常会选择用 Word 撰写数据分析报告。

封面：一份完整的数据分析报告要有头有尾，封面页不仅是报告的"脸面"，也会说明这是一份什么样的报告，特别是在正式场合应提供封面页。

标题：在数据分析报告封面中，最重要的信息就是标题。一个好的标题能准确传达报告的内容精髓，标题的拟定我们需要遵循直接、准确、简洁的原则。

目录：数据分析报告的目录是报告的内容框架，同时也是报告的索引，它可以让阅读报告人员快速定位并查找到需要的内容。

前言或摘要：在报告开端使用前言或者摘要可以帮助阅读者快速了解报告的主要内容。

正文：是数据分析报告的核心部分，详细描述了数据分析的过程，并对每部分的分析进行总结讨论、阐述观点。在正文中为了用具体的数据来支撑论点，我们可以将 Excel 数据表以对象的方式插入文中，或者以链接的方式调用 Excel 数据。

结论：既是对整份报告的综合描述，也是对各层面数据分析的总结。结论中还可以包含建议、解决办法等内容。

（2）用 PPT 编写数据分析报告

用 Word 编撰数据分析报告虽然详尽，但是不太适合作为演讲稿进行分享演示。PPT 数据分析报告图文并茂，用更少的文字、更多的图片，加上演讲者的口述和丰富的肢体语言沟通，能将原本枯燥的数据分析报告演绎得更加生动形象。

PPT 数据分析报告虽然简洁，但也少不了必需的内容：封面页、目录页、标题页、内容页、尾页。有头无尾戛然而止的汇报会显得突兀没有礼貌，所以一份专业且正规的 PPT 数据分析报告，上述每个环节的页面都不能少。在 PPT 数据分析报告中同样也可以将外部的 Excel 文件以对象的方式插入页面中，或者以链接的方式调用 Excel 数据。

实际工作中还是需要大家具体问题具体分析，根据自己所在公司的实际业务情况进行调整，灵活运用，切忌生搬硬套。只有深刻理解公司业务，才能较好地完成工作任务。相信你通过本课程的学习后，在不久的将来就会成为一名优秀的微官网运维人员。

📖 试一试

尝试用资源包提供的样本数据，用 Excel 进行数据清洗、筛选与合并，并使用 PPT 制作一份数据分析报告。

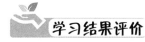

1. 请对照下表检查学习任务的完成情况。

序号	评价指标	指标内涵	分值	得分
1	能根据提供的源数据及操作要求，用 Excel 进行数据清洗、筛选与汇总	将多个数据源根据要求汇总到一张总表内	3	
2	能使用在线网站设计与制作问卷表单	表单清晰易填，可用性强	2	
3	能根据汇总后的活动数据制作分析报告	用 Word 或者 PPT 制作的数据分析报告能清晰体现活动的成果	3	
4	能注重商务数据的保密性	在清洗、筛选与汇总各种来源的商务数据时注意做好保密与保存工作	2	
总分			10	

2. 在使用 Excel 进行基础数据清洗与筛选时，你还知道哪些在案例中未列举的常用函数？

情境：营销活动用户调研问卷的内容如何把控设计方向，减少无效数据的采集？

（1）题目不能过多

题目过多会导致填写者不耐烦，越到后面的问题越不准确，问卷设计时不是题越多越好，而应该以刚好匹配调研目的为准。

（2）问卷需整体规范

问卷设计时措词表达应简洁易懂，问卷结构应清晰简单，要站在填写问卷人的角度进行换位思考，设计出结构清晰、简单易懂的问卷。

多媒体表单工具应用对比

目前市面上多媒体表单工具众多，使用较多的主要有"金数据""麦克网""问卷星"等。

1 金数据

金数据于 2012 年 12 月 15 日发布正式版，主要应用于表单设计、数据收集和统计分析领域，是由 ThoughtWorks 中国产品团队共同开发完成，其 logo 如图 3-4-14 所示。

图 3-4-14　金数据 logo

　　金数据具有在线设计表单功能。可在线创建表单，或者导入 Excel 生成表单；备有十余种表单字段和样式模板，并可以设置跳转规则；同时，模板中心还提供了数百种专业模板以供选择。表单设计完成后，会生成唯一的表单链接和表单二维码，可以把表单嵌入自己的网站，也可以直接发布到 QQ 群、邮件、微信、微博等处。

2 麦客 CRM

　　麦客 CRM 是一款数据信息收集、客户关系管理和市场营销服务的产品，最初于 2013 年 9 月发布，为企业、机构和个人用户提供在线表单制作与发布、数据采集分析、客户与联系人管理、会员管理、邮件营销、短信营销及互联网广告推广等服务，其 logo 如图 3-4-15 所示。

图 3-4-15　麦克 CRM 的 logo

　　麦客 CRM 产品由表单、联系人、邮件、短信、会员（增值）、广告推广中心等六个功能部分组成，相互依托关联，形成了面向市场营销的综合解决方案。用户可以自己设计表单，收集结构化数据，轻松进行客户管理。相较于市面上现有的在线表单制作工具而言，麦客 CRM 能够将表单收集到的信息与客户的"联系人信息"打通，非常有利于沉淀有效数据，为后期进行铺垫。

3 问卷星

　　问卷星是一个在线问卷调查、测评、投票平台，专注于为用户提供功能强大、人性化的在线设计问卷、采集数据、自定义报表、调查结果分析系列服务，其 logo 如图 3-4-16 所示。

　　与传统调查方式和其他调查网站或调查系统相比，问卷星具有快捷、易用、低成本的明显优势，已经被大量企业和个人所广泛使用，典型应用包括如下几个场景。

图 3-4-16　问卷星 logo

　　企业用户：客户满意度调查、市场调查员工满意度调查、企业内训、需求登记、人才测评、培训管理。

　　高校用户：学术调研、社会调查、在线报名、在线投票、信息采集、在线考试。

　　个人用户：讨论投票、公益调查、博客调查、趣味测试。

模块 4

助力微官网营销

在你和小信的共同努力下，知乐庄园的微官网已按计划顺利搭建完毕，但要作为用来辅助营销的微网站来说，还有很多方面需要我们逐步去完善。微官网在营销运营中除了用到唯美的语句，我们还需要用到大量有代表性的图片、视频等素材充实页面。

随着5G网络的普及，智能手机已经成为人们生活中不可或缺的用品。如何能简单、快速地进行网站素材的捕获与处理呢？对于不怎么会用计算机完成辅助设计的你，要完成从图片的拍摄、修复、合成以及快速做一个朋友圈的宣传图似乎是一件比较有难度的事情。此时，智能手机加上一款应用APP，可能就是我们工作中的好帮手。本项目以常用的智能手机图片处理APP"美图秀秀"为例，来便捷地解决微官网实际运维中素材的制作及美化问题，另外，讲解如何通过PPT及H5在线制作海报并发布。当然，随着科学技术的不断进步与发展，还会有许多更便捷、功能更强大的工具等着你去尝试。

【模块学习目标】

❶ 会使用"美图秀秀"手机端软件进行图片的拍摄及后期处理。
❷ 会使用"美图秀秀"手机端软件进行视频拍摄及剪辑处理。
❸ 会使用PPT快速制作营销海报。
❹ 会使用H5在线制作动态海报。

本模块职业能力分析表

学习内容	任务规划	职业能力
助力微官网营销	用智能手机拍摄与处理图片素材	能使用"美图秀秀"手机端软件进行图片拍摄 能结合微型摄影棚进行商品图片的摆拍 能通过"美图秀秀"进行图片处理 选用素材注重原创，引用素材应标注出处，自创的素材体现注重价值观、道德观
	用智能手机编辑视频素材	能使用"美图秀秀"手机端软件进行商品视频拍摄 能通过"美图秀秀"进行视频编辑与处理 能根据营销活动的需求剪辑制作短视频进行发布
	用 PPT 快速制作营销海报	能用 PPT 进行图片素材的处理 能用 PPT 快速制作营销海报
	用 H5 在线制作动态海报	能根据营销活动的需求策划并设计 H5 脚本 能用 H5 设计网站在线制作 H5 并进行微信推送及微官网应用 激发视觉体验能更好进行创意构思，重视用户的体验感

任务 4-1 用智能手机拍摄与处理图片素材

任务描述

微官网的展示不仅代表着企业形象，而且还影响着客户对产品的第一印象，在页面中商品图片往往起着至关重要的作用，一张高品质的图片是吸引买家点击和购买商品的重要因素。因此，我们不但需要及时更新图片素材，还要利用高科技手段快速、高效地提高图片质量来吸引用户。今天就请你用智能手机帮小信的知乐庄园拍摄与处理商品图片素材，让产品图片变得更有吸引力。

学习目标

◇ 知道智能手机的基本拍摄功能和图片传输功能，会使用智能手机拍摄和输出图片。

◇ 知道微型摄影棚内商品摆拍的技巧，会使用微型摄影棚进行商品摆拍。

◇ 会使用智能手机图片处理 APP "美图秀秀" 进行图片的拍摄与处理。

◇ 选用素材需尊重原创，引用素材需标注出处，自创素材需遵守道德规范。

思路与方法

问题 1. 使用智能手机拍摄商品与使用专业相机拍摄商品这两者之间有哪些区别？

1）从便携方面来说：智能手机相对小巧，方便携带，可以随时随地拍照；而专业相机携带不方便，本身重量大，长时间持机拍摄还会使得手臂劳累。

2）从专业方面来说：它们的成像清晰度存在差别，虽然智能手机的拍摄硬件在不断更新迭代，但与专业相机相比较而言，在画质的清晰度与细腻度上还是存在着一定的差别。

3）从受众方面来说：手机拍摄入门门槛低，可以下载各种各样的拍摄软件，操作简单，能满足人们的基本摄影需求，受众更广；而专业相机偏向于专业和技能，入门门槛相对较高，需要积累必备的摄影知识，受众较小。

核心概念

· 智能手机拍摄功能

· 商品的摆拍

· 手机图片处理 APP

问题 2. 在电商迅速发展的时代，能使用哪些简易工具进行营销商品的摆拍，从而快速达到企业想要的拍摄效果呢?

一个简易的商品拍摄场景可用以下设备搭建：智能手机、微型摄影棚、桌子、背景布、定位胶、三脚架、台灯等。摆拍方法如下。

1）选一张桌子用来摆放拍摄商品，桌子不宜太小，家里的书桌、餐桌都可以利用。

2）准备背景时，最简单实用的做法就是找一面干净的大白墙，还可根据商品调性选择风格适宜的背景布。

3）准备灯光时，可用两或三盏可调节亮度的台灯就可以满足基本的拍摄需求，如果是进阶的拍摄者，则可选择较为专业的补光灯；除此之外，如果拍摄预算充足，也可选择白纱帘＋灯光的组合，用作模拟窗户射入的自然光。

4）商家经费充足，又想快速完成拍摄的话，可以选择微型摄影棚，一般使用箱式结构，选取内部反光比较好的铝箔材质，按照需求摆放商品即可拍摄，如图 4-1-1 所示。

【想一想】
请你任意选择以上简易拍摄工具，选取生活中的一种物品练习不同角度的摆拍。

图 4-1-1　微型摄影棚

问题 3. 美图秀秀相比于智能手机系统自带的图片编辑器，有哪些优势?

1）功能更多样，美图秀秀拥有多种图片特效模板，可以轻松打造各种影楼效果。

2）分享更广泛，美图秀秀支持一键分享到微信、小红书等多个社交平台。

3）素材更海量，美图秀秀会每天更新各种精选素材，满足用户各种需求。

问题 4. 针对知乐庄园营销的农副产品，有哪些商品拍摄的建议呢？

拍摄的农副产品图片表象极为重要，它影响着整个产品的成交量，因此对于农副产品拍摄不仅要充分展示其形、质、色，而且还要注意呈现诱人效果的同时不能过分夸张。具体方法如下。

拍单个农副产品要注意构图简洁、背景干净、主体明确，一般要使用素色的背景，来突出被拍摄产品的颜色。

拍农副产品时要注重体现产品细节。农副产品是否新鲜是客户最关心的问题，因此可以将产品切开，展现农副产品最优、最鲜、最干净、最生态的一面。

拍摄农副产品的生长环境可以让客户感受到产品的纯天然和原生态的特质，优美的自然环境恰恰可证明产品是货真价实地生长在大自然之中，所以环境也是农副产品向外宣传销售的一大亮点。

 能力训练

（一）操作准备

了解使用智能手机对商品进行拍摄的操作流程。

1）打开智能手机系统自带"相机"APP →选择"照片"选项进行拍摄→打开"相册"APP 选取照片→单击"编辑"按钮处理照片。

2）打开智能手机中已安装的"美图秀秀"→选择"相机"功能→调整拍摄基本设置→选择拍摄模板进行拍摄→根据需求对拍摄的图片进行处理并保存→打开"相册"查看保存的照片。

（二）操作过程

1 智能手机系统自带拍摄功能的应用

（1）打开智能手机系统自带的"相机"APP

打开智能手机，选择系统自带的"相机"APP，如图 4-1-2 所示。

（2）选择"拍照"选项进行拍摄

在进入相机页面后，我们发现"拍照"功能有"人像、拍照、大光圈"三种模式可选，一般默认为"拍照"模式；如果我们在拍摄商品时需要拍出艺

术化的图片，可以选择"大光圈"模式进行拍摄，这样能获得更小的景深，虚化背景，让拍摄的画面主题突出，如图 4-1-3 所示。

图 4-1-2 智能手机"相机"APP 页面

图 4-1-3 照片拍摄页面

（3）打开系统"图库"相册润色照片

在智能手机页面选择"图库"APP，如图 4-1-4。打开后选取拍摄的照片，如图 4-1-5 所示。

图 4-1-4　选取智能手机"图库"APP 页面

图 4-1-5　选取的照片

（4）单击"编辑"按钮处理照片

1）当点选要编辑的图片后，在图片的下方会出现一排按钮，如图 4-1-6 所示。单击"编辑"按钮，进入图片处理页面，如图 4-1-7 所示。

图 4-1-6　照片待处理页面

图 4-1-7　图片编辑页面

2）由于农副产品外形和色泽会影响到产品售卖的火爆程度，因此我们通过选择"编辑"页下方的功能按钮对产品图片进行旋转、修剪、滤镜、保留色彩、虚化、调节、马赛克等方式的微处理，如图 4-1-8 所示。具体的参数调整请根据实际需求进行设置，在图片处理中应注意产品的真实性，千万不能因为过度修饰产品图片，甚至出现造假行为而影响企业的声誉。

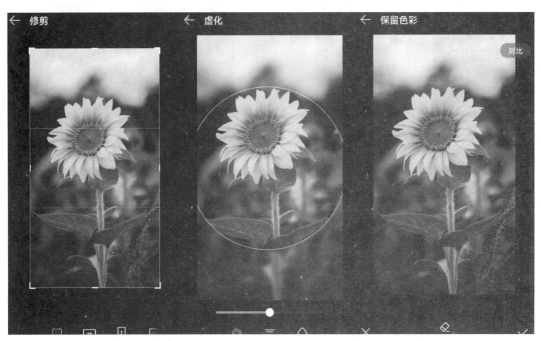

图 4-1-8 照片编辑功能页面

✦ 小提示

　　每一次图片编辑操作步骤结束后，都要选择右下角的"√"进行确认，全部操作完成后单击右上角的"保存"按钮进行存储，以防做好的图片丢失。

2 图片拍摄与处理 APP"美图秀秀"的应用

　　随着智能手机硬件的不断进步，手机系统自带的拍摄功能也随之变得更加优秀，但在实际场景应用与图片处理的模板样式上还是存在一定的缺憾。智能手机中专门用于图片拍摄与处理的 APP 就应运而生，并且在拍摄场景应用与图片处理的模板开发上日新月异。缺乏拍摄与图片处理技术的运维人员，完全可以将这类 APP 作为工作中的常用工具。下面我们来看看美图秀秀的应用。

　　（1）打开"美图秀秀"APP

　　在手机端下载并安装好"美图秀秀"APP 后，打开"美图秀秀"APP 首页，如图 4-1-9 所示。通过首页页面上的相关按钮，我们能了解到这款 APP 具有图片美化、相机拍摄、人像美容、拼图、视频剪辑与视频美容等主要功能，除此之外还有工具箱、海报模板、美颜、证件照等图片处理工具。

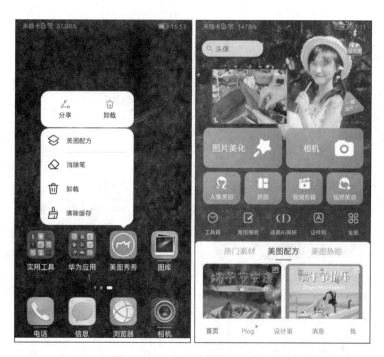

图 4-1-9 "美图秀秀"APP 首页

　　（2）选择"拍照"选项进行拍摄前模板的设置

　　我们首先使用美图秀秀的相机进行产品图片的拍摄，单击打开首页页面上的"相机"按钮，如图 4-1-10 所示。通过拍摄页面的上方菜单进行拍摄画面大小的设置及一些辅助功能的设置。

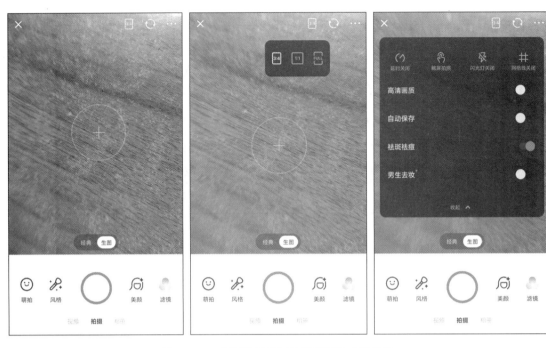

图 4-1-10　美图秀秀相机拍摄页面的功能设置

　　在"拍摄"页面的下方同样也有四个不同拍摄样式的选择按钮：萌拍、风格、美颜与滤镜，可在拍摄前根据拍摄的主体进行相应的选择与设置，如图 4-1-11 和图 4-1-12 所示。

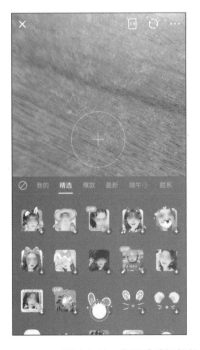

图 4-1-11　美图秀秀相机拍摄样式—萌拍与风格设置页面

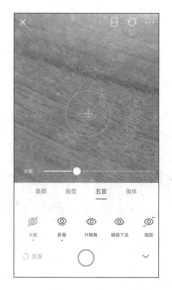
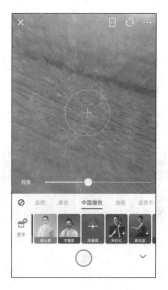

图 4-1-12　美图秀秀相机拍摄样式—美颜与滤镜设置页面

　　目前此类图片拍摄处理 APP 在喜欢自拍的年轻人中十分流行，主要以人物拍摄的使用为主。我们在拍摄产品时可以考虑选择"滤镜"模式进行拍摄但请注意："滤镜"拍摄模式在第一次使用时会通过网络下载相关数据，所以会产生一定的流量，建议最好在 WiFi 环境下进行尝试下载。

　　（3）用美图秀秀中"图片美化"的模板对拍摄的照片进行处理

　　通过翻看"美图秀秀" APP 首页下方的"美图配方"，查找其他爱好者推荐、发布的图片处理配方（即别人成功润色图片的模板），找到心仪的配方后，只要单击图示下方的"使用配方"，然后挑选需要处理的图片，就会跳转至图片模式润色效果展示页面，这时会发现润色图片的配方已经用到了你指定的图片上。如果觉得效果不够满意，还可通过其他调整按钮进行微调，在确认效果后直接单击页面右上角"保存"即可，如图 4-1-13 所示。

图 4-1-13　使用美图秀秀中别人推荐的美图配方直接处理拍摄的照片

我们也可以打开 APP 后直接点选"图片美化"按钮，进入智能手机"图库"挑选需要处理的照片，然后根据图片下方提供的众多模板一一尝试并查看实际效果，当找到满意的模板并实际应用后，如果对图片目前呈现的效果感到满意，即可单击右上角的"保存"按钮保存文件，这样就完成了简单且快捷的图片润色工作，如图 4-1-14 所示。

图 4-1-14 直接选择需要处理的照片然后逐一尝试模板效果

试一试

请你分别使用"美图秀秀"APP 中的拼图与海报模板，试着制作拼图与宣传海报，并总结制作中遇到的困惑和经验。

 学习结果评价

1．请对照下表检查学习任务的完成情况。

序号	评价指标	指标内涵	分值	得分
1	会使用智能手机拍摄和导出图片	是否完成	1	
2	会搭建一个微型摄影棚，并摆拍一种蔬菜	颜色真实，大小适合	2	
3	会使用美图秀秀进行拍摄并用模板制作手机海报	能根据要求的题材进行产品拍摄，并制作一张手机宣传海报	5	
4	审美能力	商品拍摄应具有和谐美，既要能吸引客户，又要积极向上而不哗众取宠	2	
总分			10	

2. 根据主题《爱在身边》，拍摄一组身边关于此主题的图片素材（4～6张），并使用"美图秀秀"APP设计制作一张手机宣传海报。海报内容应能体现主题。

问题情境

情境：在使用智能手机拍摄时经常会因抖动而导致画面模糊，该如何处理？

对于拍摄初学者来说，往往会拍出一些因为抖动而致使重影的照片。以下几种方法可以很好地避免这种情况的发生。

1）拍摄者注意站立姿势，避免身体的前倾或后仰。左右脚一前一后地分开站立，在降低重心的同时使身体更加稳定，也可借助身边的固定物体作身体的支撑点借力，有效防止人体不自觉地晃动。

2）选择足以支撑手机重量的、便于携带的智能手机三脚架。

3）固定放置手机位置，使用自拍器或遥控器进行拍摄。

拓展提高

在使用智能手机进行商品摆拍时，一般对于产品来说都是静物摆拍，那应该如何构图，让照片更精美呢？下面就给大家介绍几种常用的构图方法。

1）三角形组合构图：三角形组合构图是比较稳定的组合构图形式，它打开的对象分为三组，并放置在三个顶点上。三角形的三个边由来自不同方向的直线形成，并且不同的线形成不同的三角形，从而产生不同的趋势和变化。这类构图图像很稳定，轮廓分明，位置合适，适合静物数量少的组合。

2）多边形组成构图：多边形组成构图是将物体分成组，分别处在多边形的各个顶角上。多边形的组成虽不如三角形组成稳定，但比三角形组成更动态。多边形的锐角是尖锐的，钝角是平滑的，因此多边形的边越多，构图之间的连接就越多。

3）圆形组成构图：圆形组成构图是使静物在图像中形成一个圆。在视觉上呈圆形的构图赋予了图片旋转、运动和收缩的美学效果。当圆变为椭圆形时，成为宽度大于高度的形状，这样不仅具有静态效果，而且可产生动态效果，同时整体性也更突出。

4）水平构图：水平构图可使图像稳定和平整，因此可以改良图像的稳定性。具有水平构图的对象不能放置在屏幕的中间，而是要位于上方或下方。水平构图在垂直方向上具有较少的空间层，所以为了丰富图像，要注意形状、大小、高度和颜色等因素变化。

任务 **4-2** 用智能手机编辑视频素材

任务描述

短视频的迅速崛起与广泛应用，大大缩短了人们互相沟通的时间与空间，极大地方便了异地之间实现真实、直观地交流及信息的共享，改变了人们工作、学习、娱乐和生活的方式。短视频具有生产流程简单、制作门槛低、社交属性和互动性强、传播速度快、信息接收度高等特点。从营销角度来说，短视频具有指向性优势，因为它可以准确地找到目标受众，实现精准营销。它的高效性体现在用户可以边看短视频边购买商品，这是传统的电视广告所不具备的重要优势。我们可以将商品的购买链接放置在短视频播放界面的四周，从而实现"一键购买"的营销效果。因此，我们在微官网的运维中经常会涉及视频元素的拍摄与简单剪辑。你看看是否可以运用"美图秀秀"APP这个工具为小信的知乐庄园进行视频素材的拍摄与后期处理呢？

学习目标

◇ 了解短视频素材的拍摄运镜技巧及内容策划要点。
◇ 能熟练使用智能手机进行视频素材拍摄。
◇ 能熟练使用美图秀秀进行视频素材的编辑。
◇ 遵守正确的价值观，增强信息化素养，视频拍摄要注意保护人物肖像权及个人隐私。

思路与方法

核心概念

· 短视频内容策划
· 短视频拍摄运镜技巧
· 视频剪辑与格式转换

问题 1. 短视频的内容定位为什么要以用户需求为中心？

短视频的制作效果，只有让用户感受到短视频的价值，使其体验到愉悦、感动等心理感受，短视频内容才会被关注。因此，在进行内容定位时，必须精准定位用户需求，并以用户需求为中心。主要体现在以下两点。

1）锁定目标群体，提炼主流需求。在内容的选择上要有针对性地迎合群体口味，更快更好地吸引群体的目光，提升短视频的"人气"和传播量。

2）解决用户的需求痛点。深入目标群体进行调查，了解其具体需求，抓住用户需求痛点，解决痛点并实现精准化营销。

问题 2. 短视频拍摄运镜技巧有哪些?

运镜就是运动镜头,通过机位、焦距和光轴的运动,在不中断拍摄的情况下,形成视点、场景空间、画面构图、表现对象的变化。通过运镜拍摄,可以增强视频画面的动感,扩大镜头的视野,影响视频的速度和节奏,赋予视频画面独特的感观色彩。在用手机拍摄时,常见的运镜方式有推镜头、拉镜头、摇镜头、跟镜头和综合运动镜头。

推镜头:指手机摄像头由远及近,向被摄主体方向移动,逐渐形成近景或特写的镜头。

拉镜头:与推镜头相反,指手机摄像头向被摄主体反方向运动,画面由近景或特写拉起,在镜头后拉的过程中视距变大,观众的视线由细节变为整体,画面逐渐变为全景或远景。

摇镜头:指手机机位不动,借助三脚架上的云台或者摄像师自身进行上下、左右旋转运动来改变手机摄像头轴线方向的拍摄方法。

跟镜头:是指手机摄像头跟踪运动着的被摄主体进行视频拍摄的一种方法,可以形成连贯、流畅的视觉效果。

综合运动镜头:是指在一个镜头中将推、拉、摇、移、跟、甩、晃、升降等运动拍摄方式有机地结合起来进行拍摄。

问题 3. 视频资源在知乐庄园农家乐的活动营销中有哪些作用?

1)使用视频资源在微官网中进行知乐庄园的风景展示及功能介绍,能够帮助知乐庄园品牌建立知名度并实现转化。让越来越多的用户沉浸于视频第一人称的观感,让他们自觉或不自觉地投身于跃动的字符和画面之中,长时间的驻足和关注会激发用户对优美的环境及丰富的活动的向往,增加他们对营销内容的消费意愿,继而催生了更多的购买行为。

2)在微官网中开辟专门的活动展示区域,发布往届活动的精彩视频,用鲜活的内容形式,让观者逐渐增加活动的代入感,将吸引用户眼球的短暂停留转化为对用户的心绪影响,并逐渐占据内容营销的重心。

3)将视频资源中精彩的部分,用不同的文件形式展示在微信公众号、微官网和 H5 动态海报中,更可以尝试通过在线直播或录播的形式,用视频内容吸引粉丝及用户对知乐庄园的关注。

📖 试一试

请你选一个与知乐庄园相关的活动主题,或你感兴趣的活动主题,尝试用智能手机的不同运镜技巧拍摄几段活动视频素材,分别比较一下使用不同的运镜方法所拍摄的效果有何不同。

能力训练

下面尝试分别使用智能手机系统自带功能和使用美图秀秀拍摄视频素材。

（一）操作准备

1）了解使用智能手机系统自带拍摄功能拍摄视频素材的操作流程：打开智能手机系统自带"相机"APP→选择"视频"选项进行拍摄→打开"相册"APP选取视频查看→单击"编辑"按钮处理照片。

2）了解使用"美图秀秀"APP拍摄视频资料的操作流程：打开智能手机中已安装的"美图秀秀"→选择"相机"功能→调整拍摄基本设置为"视频"→选择拍摄模板进行拍摄→单击"完成"浏览拍摄的效果→可根据需求选择"音乐"添加背景音乐或单击"视频剪辑"进入视频编辑制作页面。

（二）操作过程

1 应用智能手机系统自带功能拍摄视频素材

打开智能手机系统自带的"相机"APP，如图4-2-1所示，智能手机的拍照功能自带"录像"功能。只是相对于专业的APP来说，在功能上简单了些，可调的除了景深、美白等基本功能外，其他要靠拍摄者手动操作实施（智能手机的品牌及型号的不同，拍摄功能也会不同，对于在功能上偏重于拍照的智能手机会有较多功能选择项）。

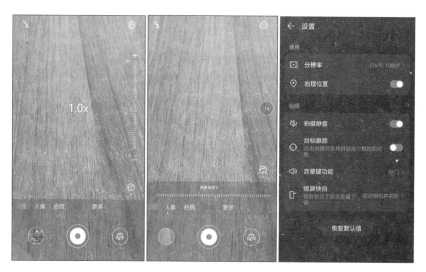

图4-2-1 智能手机系统自带录像功能设置界面

2 使用"美图秀秀"APP拍摄视频素材

打开智能手机中的"美图秀秀"APP，选择"相机"进入拍摄功能，选择"视频"进入摄像功能。与智能手机系统自带的视频拍摄相比较，专用的 APP 多了许多可选择的模板及美化、美颜等拍摄前调整与设置的功能，如图 4-2-2 所示。

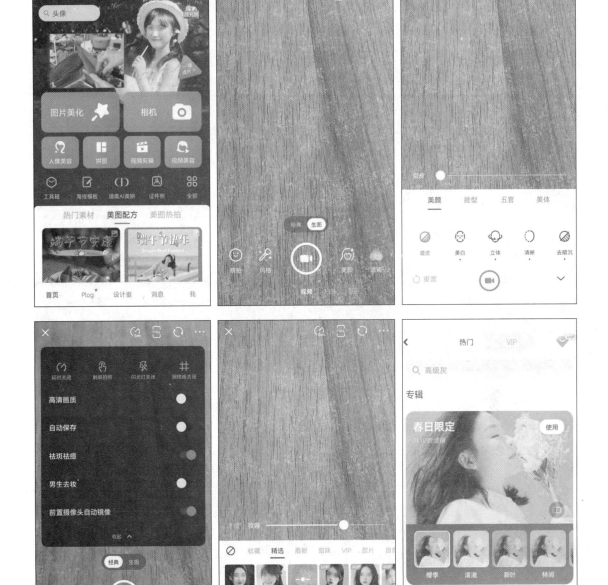

图 4-2-2 "美图秀秀" APP 视频拍摄前的调整与设置页面

3 使用 "美图秀秀" APP 剪辑视频

当视频素材拍摄完毕后，需要将视频素材根据我们的要求进行剪辑与美化工作。以往都是需要专业的计算机硬件与视频编辑软件才能进行设计、制作视频作品。随着智能手机的硬件性能及内存空间的不断增大，5G 网络的应用又使网速带宽不断增强，很多手机端视频编辑制作 APP 如雨后春笋般出现。美图秀秀在大多数人眼中，可能只是一款图片美化 APP，其实，它不但具备视频拍摄、剪辑的功能，还提供了丰富的素材库与视频编辑功能供用户选用，如图 4-2-3 所示。

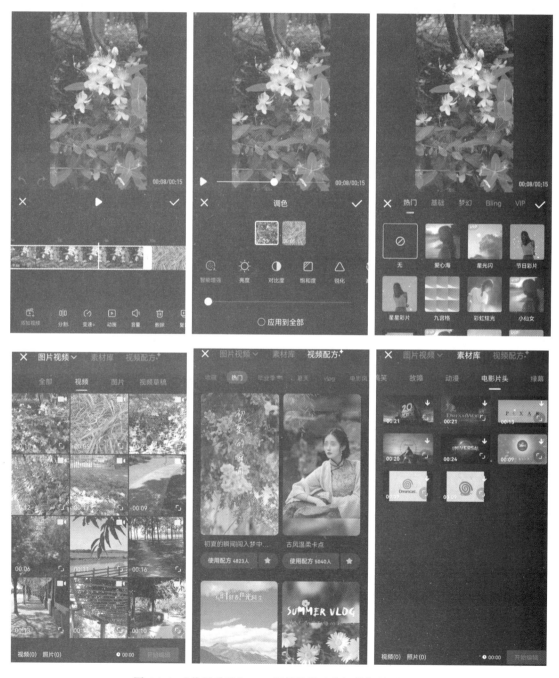

图 4-2-3 "美图秀秀" APP 视频编辑功能调整与设置页面

4 使用"美图秀秀"APP 剪辑视频作品

下面使用美图秀秀的"视频剪辑"功能，编辑处理两段拍摄的素材，具体方法如下。

1）单击打开"美图秀秀"APP，点选首页的"视频剪辑"菜单进入选择视频素材的页面，依次在素材库挑选"片头"与"片尾"（注意避免选择标有 VIP 图标的素材），并在拍摄的素材中挑选两段风景视频素材置于片头与片尾中间，并单击已选择的素材视频后使用视频编辑基础工具剪裁出想要的部分，如图 4-2-4 所示。

图 4-2-4　创建视频剪辑页面并选取相应的素材做简单裁剪

2）点选第二段视频素材进行倒放视频的特效处理，从片头后开始点选两段视频中间的小图标，分别添加视频转场特效"放大残影""爱心光斑 I""闪黑"，选择添加一段"舒缓音乐（轻音乐）"作为背景音乐，并单击"原声关闭"按钮关闭拍摄视频时嘈杂的背景声音，实现转场特效与插入背景音乐，如图 4-2-5 所示。

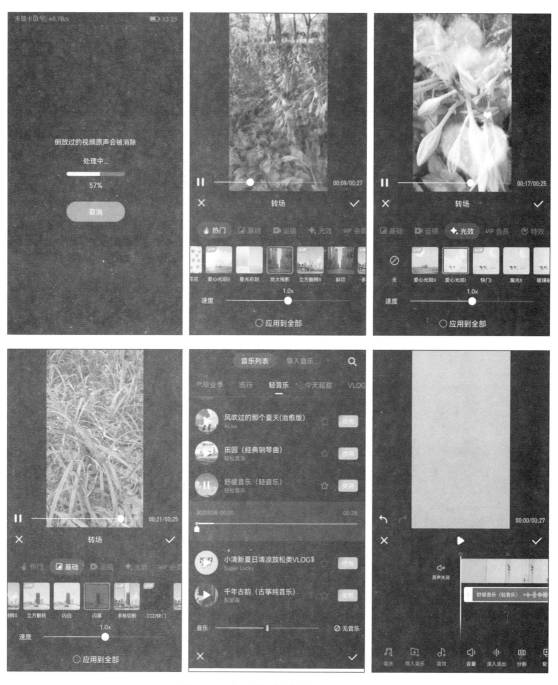

图 4-2-5　实现转场特效与插入背景音乐

3）在片头处插入文字"一路风景"，使用文字效果菜单设置文字的样式、颜色和动画，并使用页面上的文本框将文字调整至适合的大小。单击"播放"按钮查看视频整体的制作效果，微调至满意的效果后，单击右上角的"保存"按钮，将作品存储在手机相册中，保存完毕后可以通过分享页面将作品分享，也可以直接关闭美图秀秀到智能手机的相册中查看已完成的视频作品，如图 4-2-6 所示。

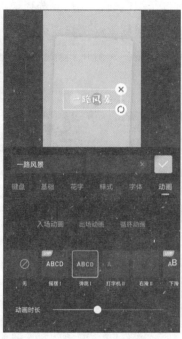

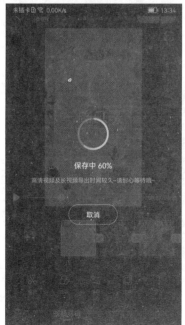

图 4-2-6　添加页面文字特效并保存分享

5 使用"美图秀秀"APP 提供的"一键大片"功能快速制作视频作品

"美图秀秀"APP 中还提供了现成的模板,将选择的视频素材自动制作成视频作品。具体操作如下。

打开"美图秀秀"APP,点选首页的"视频剪辑"菜单进入选择视频素材的页面,依次在素材库挑选两段风景视频素材置于编辑轨道中,并选择模板左侧的"一键大片"按钮,跳转至选择"一键大片"模板的页面,根据喜好选择现成的模板勾选应用,单击"播放"查看效果后,直接单击右上角的"保存"按钮,就可将作品保存至手机相册内,也可以通过分享页面将作品分享,如图 4-2-7 所示。

图 4-2-7 使用"一键大片"功能快速制作视频作品

【想一想】

请你思考一下,智能手机系统自带的视频"编辑"功能与"美图秀秀"APP 中的"视频剪辑"有什么区别?(可以自己操作后总结经验)

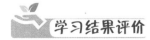 **学习结果评价**

1. 请对照下表检查学习任务的完成情况。

序号	评价指标	指标内涵	分值	得分
1	能根据知乐庄园的活动主题策划一个短视频内容	能注重短视频内容策划的内涵，规避消极的、不良影响的内容，用正能量的方法引导客户	3	
2	能使用智能手机运用推、拉、摇、移运镜技巧进行视频拍摄	运用推、拉、摇、移四种运镜技巧拍摄四段视频资料	2	
3	能使用美图秀秀进行视频素材剪辑制作	是否完成一个短视频作品	3	
4	完成的短视频主题能符合知乐庄园活动营销计划的需求，具有农家乐特色	能注重短视频质量，符合营销要求，内容积极向上且不涉及侵权行为	2	
总分			10	

2. 请根据知乐庄园暑假活动的推广要求，使用你的智能手机拍摄并制作一段三分钟的宣传短视频。

 问题情境

情境：视频素材的拍摄方式是竖拍的，但是美图秀秀模板是横版的，该如何处理？

可以利用"美图秀秀"APP 视频剪辑中的"画布"和"剪辑"中的"裁剪"功能，进行画面调整处理来适合模板的尺寸，如图 4-2-8 所示。

图 4-2-8　视频素材页面尺寸调整适合模板的方法

 学习笔记

拓展提高

　　"快影"也是一款拥有较强的视频剪辑功能，丰富的音乐库、音效库和新式封面模板的工具软件，让你在手机上就能轻轻松松完成视频编辑和视频创意，制作出令人惊艳的趣味视频，如图 4-2-9 所示。

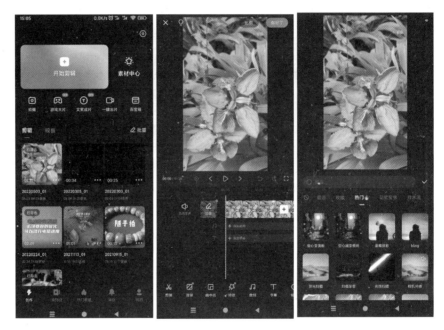

图 4-2-9　快影 APP 设计制作页面

　　"快影"是"快手"的视频作品拍摄与剪辑的软件，支持 Android 和 iOS 系统。它和"快手"之间几乎没有进行过强硬的互相导流，更像是一款独立的工具，而非依附于"快手"平台的"功能扩展包"。内置的丰富的模板样式，经直接拿来套用后即可仿照模板做出特效视频。当然，你想要在朋友圈或者短视频平台脱颖而出，往往还得加点"人无我有"的新料。比如手动拍摄一些视频后进行配乐、剪辑，只要是你拍摄、剪辑的视频就是你的专属。从"快影"导出的视频没有任何影响观感的水印，但会在片尾自动加上相关 logo，如果不喜欢这个 logo，还能进入底部栏"我的"菜单，单击右上角的设置按钮，将其关闭。最近上线的"智能配音"已成为制作宠物、制作食物或物品时使用频率最高的功能，它能将提供的文字转化为高质量的视频配音。

　　短视频火爆之前，做视频是一个相对高成本的事情。有创意的想法、合适的演员、获得授权的音乐、昂贵的设备、专业的后期，每一项需求都不易被满足。而伴随着短视频平台的高速发展，以及各式各样手机剪辑工具陆续出现，越来越多的人开始成为视频创作者而实现自我表现。聪明的你还在等什么呢？快快用你的智能手机试试看吧！

任务 4-3　用 PPT 快速制作营销海报

任务描述

通过前面两个任务的学习，我们了解到智能手机可以使用 APP 快速拍摄及制作手机海报并迅速分享传播。但在对微官网开展运维工作时，我们多数还是会使用计算机进行操作。那么当手头只有一台最普通的办公电脑，而没有专业的 Photoshop 等设计软件时，我们是不是也能帮小信为知乐庄园微官网设计并制作一张产品海报呢？

学习目标

◇ 能掌握 PPT 绘图工具的基本应用方法。

◇ 会使用 PPT 设计制作艺术字。

◇ 能根据需求使用 PPT 进行海报页面构图设计。

◇ 注重细节能力的培养，做到精益求精，给用户良好的视觉体验。

 思路与方法

问题 1. 海报在营销中的作用是什么？

（1）品牌形象化

海报在营销中的作用就像企业及产品的名片，可以简明地展示企业文化或产品内容，是用户迅速了解企业或产品的重要途径。因此，设计师通过形象的图案、简明的文字以及新颖的排版创意，将企业文化理念或产品的优势特点等形象地展现出来，达到一目了然、让人过目不忘的效果。

（2）信息集中化

海报由于篇幅的限制，无法做到长篇大论、介绍详细的可能，因此，需要在有限的版面里最大化地将企业或产品的信息、优势、特色等集中在海报的方寸之间。因此，一张优秀的海报，必然是主题鲜明、创意新颖，并且信息集中的作品。这样才能让消费者通过一张海报的内容，就对企业或产品的形象有清晰的认知。

核心概念

· 营销海报
· PPT 绘图工具
· PPT 字体设计
· PPT 海报制作

（3）曝光常态化

市场营销学认为，想要提升品牌认知度，必须提升该品牌能见度。如今，产品海报随处可见，谁能第一时间抓住消费者眼球，谁就可以通过这种方式快速提高产品的知名度和辨识度，从而获得扩大市场份额的可能。因此，企业可通过提升海报的曝光率，快速地在消费者中建立起品牌形象，提高自身竞争力。

问题2. 字体设计在海报设计中的作用是什么？

在海报的整体设计中，字体的设计功不可没。好的字体设计不仅能够增强海报的观赏性，更能够烘托整个海报场景的氛围。字体设计在海报设计中具有如下作用。

（1）突显整体风格

设计优秀的字体风格往往与海报所呈现的内容呼应，可以更好地突显海报的整体风格，体现海报的完整性。如儿童玩具类海报，字体是圆润可爱的，能起到更好的宣传效果。

（2）强化视觉效果

海报设计中可以把文字进行打散、重组，甚至大面积地变形，再搭配不同色彩与图形后会产生更强烈的视觉效果，这也会使得海报整体的视觉信息传递更为清晰。

【查一查】

在日常生活中，很多海报的主题字体很具有设计感，通过百度查找具有代表性的字体海报设计，分析并分享给你的组员。

问题3. 使用PPT制作营销海报的优越性是什么？

不需要安装特殊的设计软件，在安装了Office的普通电脑内就可以完成海报设计。相较于Photoshop软件，使用PPT制作海报更容易上手，而且随着PPT版本的不断升级，功能也愈发强大。如图片处理、简单抠图、图片艺术效果等。

问题4. PPT在知乐庄园微官网运维时，除了可以制作商品海报外，还可以做哪些工作？

在微官网运维中，我们使用PPT，除了可以制作品牌推广海报，还可以制作各类透明背景的图案与文字元素，如各类艺术字、H5的设计素材，更可以利用PPT的动态效果设计制作简短的视频片头与片尾等。

能力训练

（一）操作条件

利用 PPT 制作海报操作流程：海报尺寸的设置→海报主题图的设计与处理→海报文字内容设计→海报成图导出。

（二）操作过程

下面以设计知乐庄园手机营销海报为例，学习使用 PPT 制作海报的操作方法。

1 海报尺寸的设置

进入 PowerPoint 软件，选择"新建"菜单项，创建一个空白演示文稿，单击"设计"菜单，打开"幻灯片大小"下拉菜单，从中选择"自定义幻灯片大小"选项，弹出"幻灯片大小"对话框，如图 4-3-1 所示。

图 4-3-1　幻灯片尺寸设置窗口

在"幻灯片大小"处选择："全屏显示（16：10）"，"方向—幻灯片"处选择："纵向"，如图 4-3-2 所示。单击"确定"按钮后在弹出的对话框中设置幻灯片内容比例，选择"最大化"按钮，完成幻灯片尺寸设置，如图 4-3-3 所示。

图 4-3-2　设置幻灯片大小

图 4-3-3　设置幻灯片尺寸"最大化"

2 海报主题图设计与处理

接下来，单击菜单栏中的"插入—图片"选项，向页面插入一张素材图片，如图 4-3-4 所示。

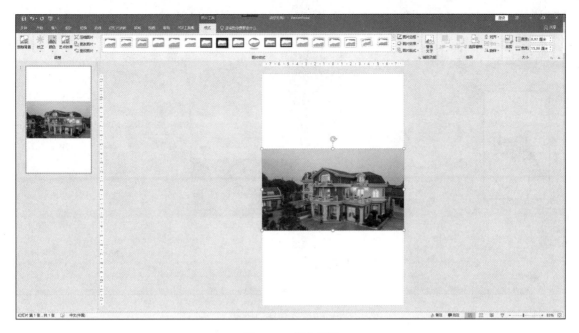

图 4-3-4　插入图片

　　选中素材图片，在菜单栏中选择"图片格式—删除背景"选项，如图 4-3-5 所示。图片默认背景被紫色遮罩区域覆盖，如图 4-3-6 所示。

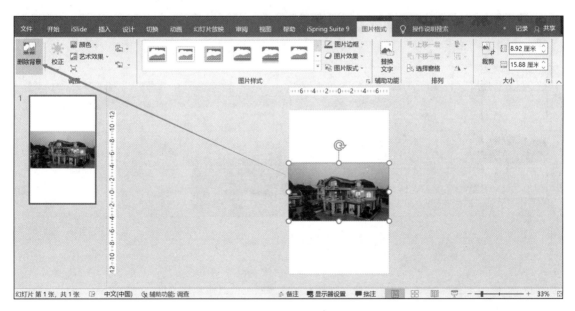

图 4-3-5　选择选项卡中的"删除背景"

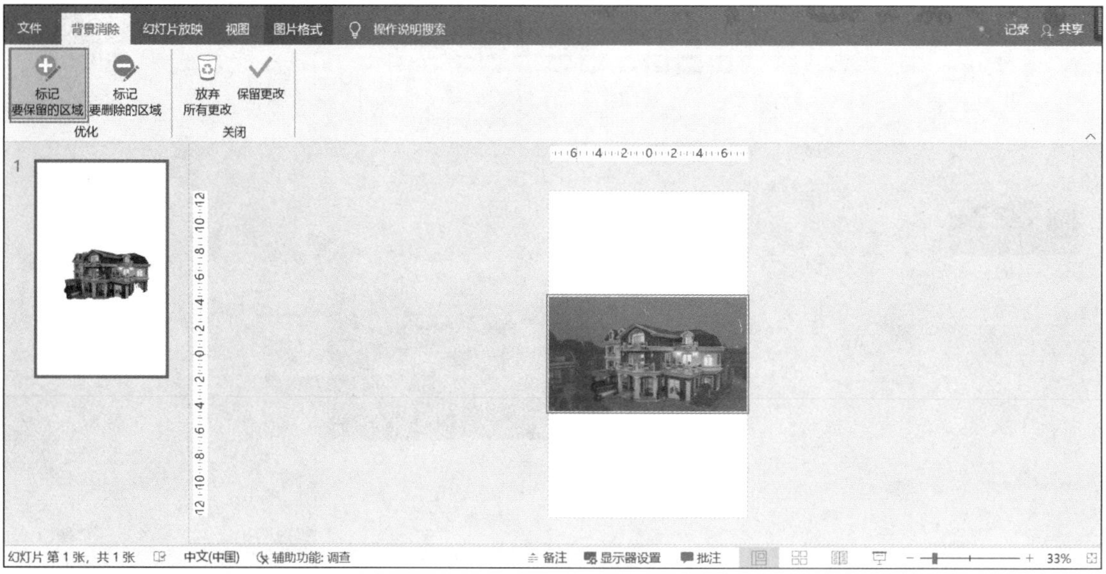

图 4-3-6　选择保留区域

对于未被选中的区域，我们可以利用上方菜单栏中"标记要保留的区域"与"标记要删除的区域"两个按钮进行多次选择调整。在不需要的背景部分都被删除后，单击菜单栏的"保留更改"按钮，就完成了图片背景删除目的，如图 4-3-7 所示。

图 4-3-7　完成图片背景删除

单击菜单栏中"插入—图片"选项，插入一张天空素材图片，右击该图片，在弹出的菜单中选择"置于底层"，将天空素材图片放置到页面最底层，如图 4-3-8 所示。

图 4-3-8　插入天空素材图片并置底

双击天空素材图片，选择菜单栏中"图片格式—裁剪"选项，将超出页面部分裁剪掉，如图 4-3-9 所示。

图 4-3-9　用"裁剪"工具截去多余的背景

3 海报文字内容设计

在页面输入文字"知乐庄园欢迎您"，在菜单栏中选择"插入—形状"选项，选择一个圆形插入在图片中，填充颜色为橙色，"形状轮廓"设置为"无"，将设置完的圆形复制 7 个，调整位置分别叠放在每个文字下面（圆形设置为量底），如图 4-3-10 所示。

图 4-3-10 设置页面文字与圆形图案

  插入"农家乐"文字，调整文字的字体及大小至想要的尺寸，插入一个矩形叠放在文字上方，同时选中"农家乐"文字和矩形，点选菜单栏中"绘图工具—合并形状"中的"拆分"功能，将文字转换为矢量形状，如图 4-3-11 所示。

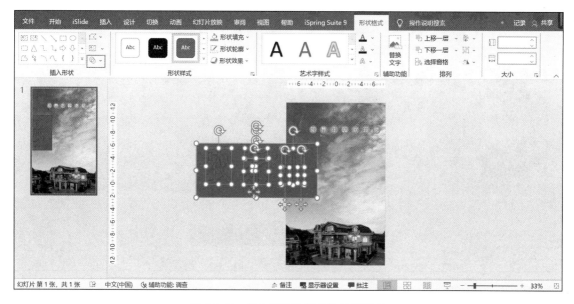

图 4-3-11 将主题字体转换为矢量形状

  删除文字周围多余的部分，并将文字颜色设置为"白色"（因为此时文字已转为矢量图形，修改文字颜色即改图形的填充颜色），在"形状"列表中选择并插入一个心形形状，使用图形工具中的"结合"，将文字与心形图案合并在一起，然后分别将三个主题字围绕着问候语排列，注意将文字排列得较紧凑，如图 4-3-12 所示。

图 4-3-12　美化设计标题

　　在页面中间输入副标题，文字为："今日的停歇，只为蓄力明天能更好启航。上海加油！"，并根据文字位置设置字体与文字大小，如图 4-3-13 所示。至此海报设计完成。

图 4-3-13　输入海报副标题并设置字体与大小

4 海报完成输出与发布

海报设计完成后，单击"文件"菜单，将文件另存为 jpg 格式，页面会弹出提示框提示"您希望保存哪些幻灯片"，单击"所有幻灯片"即可。接下来就可以把做好的海报发布到微官网、微信公众号或转发朋友圈。样张效果如图 4-3-14 所示。

 试一试

本任务利用 PPT 进行营销海报设计。你也可以研究一下如何使用 PPT 设计一张微信公众号首图。

图 4-3-14   知乐庄园海报

 学习结果评价

1. 请对照下表检查学习任务的完成情况。

序号	评价指标	指标内涵	分值	得分
1	能根据要求设置幻灯片页面尺寸	页面尺寸设置符合手机页面显示要求	1	
2	能熟练使用 PPT 中图形与文字设计工具进行设计制作	能按要求使用 PPT 设计、制作主题字	3	
3	能根据需求完成一张海报成图	海报设计美观大方、与网站营销要求匹配	4	
4	与时俱进、实事求是的工作态度	海报所述内容切题，不进行虚假宣传	2	
总分			10	

2. 请使用 PPT 制作一个自选主题的农家乐活动宣传海报，并在微官网上发布。

 问题情境

情境 1：在制作手机海报时，发现文中所提 PPT 的部分功能菜单未找到，该怎么处理？

注意查看一下自己电脑中 PowerPoint 的版本，由于 PPT 版本不同，可以使用的功能也不

同，因此完成该任务建议使用 PPT2013 或 2016 以上的版本，如果版本号过低的，请先将软件升级后再使用。

情境 2：海报制作完成后导出的图片失真，该怎么处理？

导出的图片失真的原因大部分是由于图片保存格式有误，目前一般将图片保存为 JPG 格式。JPG 格式可支持有损压缩，不支持透明，非矢量色彩还原度比较好，可以支持适当压缩后保持比较好的色彩度。如果图片颜色很多，建议使用 JPG 格式，可以使生成的图片尺寸较小且不会失真。

WPS Office

WPS Office 是由北京金山办公软件股份有限公司自主研发的一款办公软件套装，可以实现办公软件最常用的文字、表格、演示，PDF 阅读等多种功能。具有内存占用低、运行速度快、云功能多、强大插件平台支持、免费提供在线存储空间及文档模板的优点，如图 4-3-15 所示。

图 4-3-15　WPS Office

WPS Office 支持阅读和输出 PDF（.pdf）文件、具有全面兼容微软 Office 97 ～ 2010 格式（doc/docx/xls/xlsx/ppt/pptx 等）独特优势。覆盖 Windows、Linux、Android、iOS 等多个平台。WPS Office 支持桌面和移动办公。且 WPS 移动版通过 Google Play 平台，已覆盖超 50 多个国家和地区。

2020 年 12 月，教育部考试中心宣布 WPS Office 作为全国计算机等级考试（NCRE）的二级考试科目之一，于 2021 年在全国实施。

任务 4-4 用 H5 在线制作动态海报

📲 任务描述

为了使知乐庄园微官网内容更加丰富、更具吸引力，接下来请你运用 H5 微场景制作网站帮小信为知乐庄园草莓园设计一个采摘活动报名的 H5 作品。

📓 学习目标

✧ 能阐述 H5 的常见应用类型及作品设计思路。
✧ 能运用不同的工具设计、制作 H5 的各类素材。
✧ 能运用一款在线网站设计与制作 H5 作品。
✧ 能将在线制作的 H5 作品应用于微官网的营销活动中。
✧ 提升学生信息化素养，适应信息技术发展，同时激发视觉才能和创意构思。

🌲 思路与方法

问题 1. H5 与手机海报在营销活动中的区别是什么？

核心概念

· H5 的应用类型与设计思路
· H5 素材处理的方法
· H5 涉及的版权

手机海报是营销活动中比较常用的一种宣传形式，海报中通常包含活动的性质、主办单位、时间、地点等内容。如电影海报、文学艺术海报、学术海报、个性海报、宣传海报等类型。H5 在营销活动中一直很受欢迎，本身即具有跨平台、交互性强、视觉效果好、制作与传播及维护成本低等优势。除此之外，H5 与手机海报的区别还在于 H5 可以实时反馈营销宣传数据，与手机海报相比，H5 更适合于高效传播的互联网时代。

问题 2. H5 在营销活动中常见的应用类型有哪些？

在营销活动中，常见的 H5 应用类型主要分为图文展示类、活动营销类、游戏营销类、盘点类。

（1）图文展示类

图文展示型类 H5 一般以讲故事的方式，使用幻灯片或动画诉说品牌、产品故事以及进行活动介绍。常见的有邀请函、祝福贺卡、照片海报等类型。通常应用在各种招商会议、高峰论坛、招生海报、人才招聘以及工作汇报等场景中。

（2）活动营销类

活动营销类包括答题、投票、测试、抽奖、红包、砍价、拼团等形式，一般应用在产品促销、品牌推广等场景。由于 H5 与传统促销方式不同，具有强大的互动功能，因此，容易获得用户的回应与参与，进而提升活动的转发量。

（3）游戏营销类

游戏营销类 H5 需要用户开动脑筋、快速反应从而成功通关游戏。此类型 H5 的特点是易上手但得高分难，其文案的分享方式一般需要抓住用户的攀比心理。一些餐饮产品的推广更倾向于选择这类 H5，如通过简单游戏吸引用户关注其推出的新品，并在用户完成游戏后赠送相应优惠券。

（4）盘点类

盘点类 H5 的本质是对事物的归纳与总结，按照盘点的逻辑可分为：时间型盘点 H5，如 "2019 年娱乐圈画传"；内容型盘点 H5，如 "网易云音乐——你的 2021 年度听歌报告"；数据型盘点 H5，如 "支付宝 2021 年度账单"等。

问题 3．H5 在线作品设计制作时，应该注意哪些元素会涉及版权问题？

在设计 H5 作品时，会涉及版权的元素主要有字体、图片、音乐等。

（1）字体版权

字体版权一直都存在，一些规模较大的自媒体公司都会购买字体版权，但对于多数新手用户却很少考虑过字体版权问题，导致存在侵权索赔情况发生的风险。所以，在使用一些不常用字体时，最好查清字体版权，确认是免费字体后再进行使用。

（2）图片版权

对于很多素材网站中已标注为有版权的图片素材在使用时千万谨慎，否则可能会引来不必要的商务纠纷。因此我们尽量通过自己拍摄的素材、寻找免费版权素材或找素材网站购买收费版权素材来解决这类问题。

（3）音乐版权

随着音乐版权的放开，音乐人对音乐的版权也愈发重视，如音乐网站上的部分歌曲设置了版权限制或者收费。即使翻录使用也属于侵权，所以商用音乐建议购买后再使用。

◢ 小思想大智慧 ◣

在设计制作海报时，务必注意字体、图片、音乐等素材的版权归属问题，以免引起不必要的法律纠纷。

【想一想】
在知乐庄园端午节营销活动中，可以用 H5 的哪些应用类型进行活动推广？

学习笔记

问题 4．知乐庄园营销活动中，哪些场景可以应用 H5？

H5 作为目前热门的营销方式之一而深受商家喜爱，在知乐庄园营销活动中，以下场景适合应用 H5 进行营销推广。

（1）商品促销

农家乐在推广品牌、宣传新品时，可通过 H5 小游戏的方式进行营销推广，在游戏中融入产品，添加产品优惠福利，让用户通过参与游戏来获取优惠，让用户在体验游戏乐趣的同时，满足自身利益需求，从而达到引流的效果。

（2）互动活动

知乐庄园可在微信公众号发布抽奖、测试、招聘等 H5 内容，通过活动内容促使用户积极参与，从而高效促进营销活动的开展。

（3）活动邀请

知乐庄园在举行活动前，可通过微官网发布 H5 报名信息，内容包含文字、图片、视频、地图反馈表、企业信息等，可以将活动内容全方位地展示给报名者。

能力训练

（一）操作准备

了解知乐庄园草莓季活动报名 H5 作品的制作操作流程：登录"易企秀"官网→进入设计页面→首页设计→报名预约页面设计→ H5 作品预览与设置→ H5 作品发布与分享。

（二）操作过程

1 登录"易企秀"官网

进入"易企秀"官网，单击网站右上角的"登录"按钮会弹出登录对话框，使用微信扫二维码并关注微信公众号后即可登录网站使用，如图 4-4-1 所示。

2 创建并进入 H5 设计界面

新建 H5 设计一般有两种方式，一种是挑选心仪的模板（注意新手尽可能从免费模板开始），单击模板预览后，应用模板创建进入设计页面；另一种是空白创建，挑选创建格式后，直接进入 H5 设计页面进行设计制作，如图 4-4-2 所示。单击界面中 H5 区域中"竖版创建"按钮，进入 H5 竖版设计页面，如图 4-4-3 所示。

图 4-4-1 "易企秀"官网登录界面

图 4-4-2 "易企秀"创建设计页面

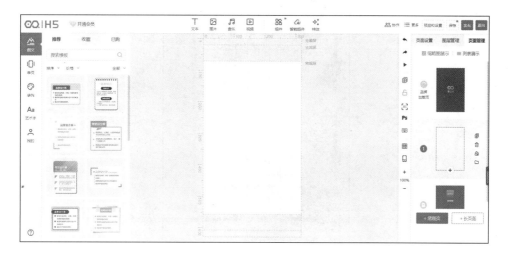

图 4-4-3 H5 竖版设计页面

3 首页面设计

对于初学者，我们直接单击左侧"单页"菜单，在"价格"筛选项勾选"免费"，选择"小清新春游采摘记"主题模板，单击"立即使用"后，选择的模板就覆盖了设计页面，如图 4-4-4 所示（在大家熟悉各项设计应用后，可以根据素材自己进行页面设计）。

图 4-4-4　首页面主题模板选择

模板应用后，模板中的每一个元素是可以点选修改的，所以只要根据要求将下面的文字替换模板中的活动信息文字即可，如图 4-4-5 所示。时间替换为"2022 年 5 月 15 日"。欢迎词替换为"知乐庄园草莓园欢迎您！"。地址替换为"知乐庄园农家乐"。

图 4-4-5　替换首页面活动信息内容

4 报名预约页面设计

在右侧页面管理区域，单击首页面右侧复制按钮，复制首页为第二个页面，选中所有文字内容并删除，只保留周边的图案，如图 4-4-6 所示。

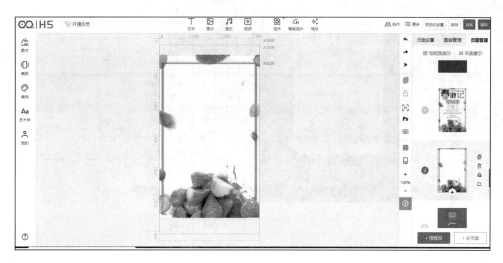

图 4-4-6　第二个页面版式设计

单击页面左侧的"图文"菜单，选择"表单"类型，单击"报名预约"主题，选择"立即使用"，如图 4-4-7 所示。

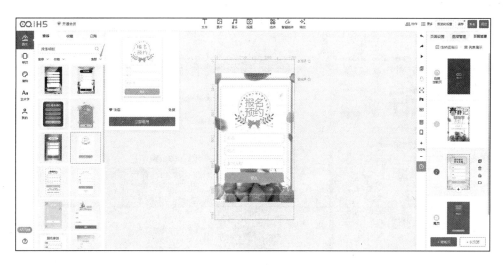

图 4-4-7　选择"报名预约"模板并应用

5 H5 作品预览与设置

单击右上角的"预览和设置"按钮，跳转到作品预览与页面设置对话框，对话框的左侧可以即时翻看 H5 作品的效果，右侧设置分享微信时的名称与作品翻页效果等内容，如图 4-4-8 所示。其中，标题输入为"知乐庄园草莓园欢迎您！"。

描述输入为"草莓季来临了！快来采摘新鲜的草莓吧！"。

图 4-4-8　H5 作品预览与设置页面

6 H5 作品发布与分享

当"预览与设置"页面设置完毕，单击页面下方的"发布"按钮。这时，我们的 H5 作品就算全部完成了。我们可以通过使用微信扫描二维码进行手机端查看并分享，也可以复制链接地址到微官网和微信公众号中进行发布，如图 4-4-9 所示。

图 4-4-9　H5 作品发布与分享页面

📖 试一试

　　本任务学习了使用在线平台"易企秀"制作 H5。你还知道哪些 H5 制作平台？尝试用其中一种平台为知乐庄园设计并制作一个 H5 活动邀请函。

🌱 学习结果评价

　　1. 请对学习任务的完成情况进行评价。

序号	评价指标	指标内涵	分值	得分
1	能根据主题阐述 H5 的作品设计思路	能按主题设计一个 H5 的页面	2	
2	能根据主题设计、制作 H5 的各类素材	能根据主题完成制作 H5 的各类素材	3	
3	能运用一款在线网站设计与制作 H5 作品	能根据主题使用免费模板设计制作一个 H5 作品	4	
4	在 H5 设计中，注意作品素材的版权	能在作品设计制作时注意素材的版权问题	1	
总分			10	

　　2. 制作一个关于清明节踏青活动的 H5 动态海报，内容要包含 4 个页面，至少包含 4 种素材，且与知乐庄园的特色相符。

🌱 问题情境

　　情境：H5 作品设计完成后，为何需要绑定手机后才可发布作品并分享浏览？

　　《中华人民共和国网络安全法》第 24 条规定，网络运营者"应当要求用户提供真实身份信息，用户不提供真实身份信息的，网络运营者不得为其提供相关服务"。现阶段，互联网公司的账号产品都是采用手机号来进行实名认证的。

　　互联网虽然是一个虚拟社会，但这并不代表可以在这个虚拟的空间里为所欲为，这也正是国家出台法律支持网络实名制的原因。通过网络实名制制度的推行，能够真正使那些网络犯罪分子闻风丧胆，以此还互联网以纯净的运行空间，这才是对亿万网民合法权益最有力的维护。

学习笔记

拓展提高

在制作 H5 过程中，经常苦于没有好素材，即使找到好素材或动态图片，却因为各种原因不能使用等问题。在这里介绍两种工作中常用的素材处理方法，希望可以帮助你解决这些问题。

1 格式工厂

在前面任务中我们已经介绍过格式工厂的部分功能，它是制作 H5 素材的必备软件之一。格式工厂是一款非常实用的多媒体文件格式转换工具，它几乎支持现在多媒体所有的文件格式，例如，视频类的 WMV、FLV、SWF、RMVB、MP4、3GP、MPG、AVI 等格式；音频类的 AMR、OGG、AAC、MP3、WMA 等格式；图片类的 TIF、ICO、GIF、TGA、JPG、BMP、PNG 等格式。它除了支持多种媒体资源类型格式转换外，还支持多种类型图片格式的转换。

在 H5 设计制作中，经常会遇到需要展示一些视频资源，但苦于视频资源的文件过大而不方便使用，故我们可以利用"格式工厂"将想要展示的视频转换为 GIF 动图后应用于 H5 中；也可以利用"格式工厂"的音频简易剪辑方式，将我们想要的音频素材进行截取保存。

2 PowerPoint

随着 PowerPoint 2016 版本的推出，由于它的普遍性与简单易上手而在 H5 的素材设计与处理中用得较为广泛。常用的功能如下。

1）利用 PPT 中的绘图工具，能自由编辑制作各种形状，如图 4-4-10 所示。

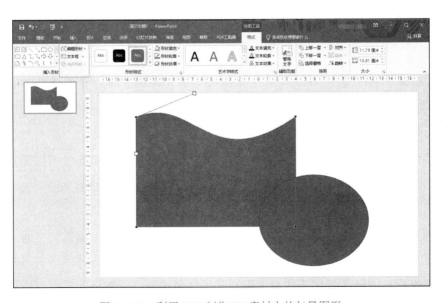

图 4-4-10　利用 PPT 制作 H5 素材中的矢量图形

2）利用 PPT 中文字与矢量图形结合使用"绘图工具"中的"合并形状—拆分"功能，将文字转换为矢量图后再进行变形编辑，制作特有的主题字，如图 4-4-11 所示。

学习笔记

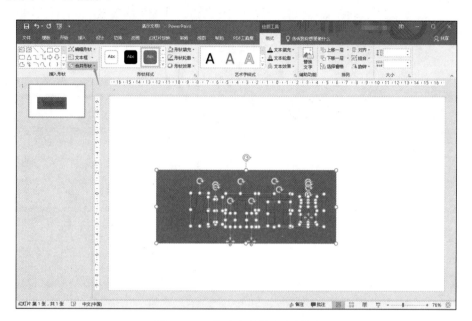

图 4-4-11　将文字转换为矢量图

3）利用 PPT 将抠去底色后经过处理的素材，以 PNG 图片格式保存为透明底的 H5 素材，如图 4-4-12 所示。

图 4-4-12　用 PPT 制作的透明底主题文字再导出为 PNG 格式图片

微官网实战综合任务

任务要求

本课程的学习内容已全部结束，一个优秀的微官网并不只是完成搭建，关键在于你在日常工作中不断地做好网站的运营与素材的积累。为了巩固大家学习的成果，结合课程的教学内容及你所掌握的各类便捷工具，请你完整地设计、制作一个微官网，并策划、执行一次线上线下的实践活动（可以由教师确定或自行定义一个企业类型来模拟创建）。

任务清单

根据下列表格中的"操作内容"，结合"执行指导"中的提示进行操作，并完成表格中的"遇到问题""解决方法""实战感受"等内容的填写。

1 微官网的前期设计与营销策划

操作内容	执行指导	遇到问题	解决方法
任务一 微官网的前期设计与营销策划	1. 调查与分析企业目前网络营销的状况并撰写调查分析报告 ● 企业目前是否有官方网站？官方网站所拥有的功能有哪些？ ● 企业目前是否已有微信公众号？ ● 如果有微信公众号，是订阅号还是服务号？是否已通过认证？目前微信公众号的作用是什么？是否与微信公众号有关联？ ● 如果没有微信公众号，请确定申请微信公众号的类型，并收集相关申请材料。 2. 根据目前网络营销状况及实际需求撰写营销微官网的策划书 ● 调查企业营销需求，设计微官网功能菜单，绘制思维导图； ● 根据企业定位和特色为微官网、微信公众号命名及编撰 120 字简介，确定 logo 的应用方案； ● 分析微信公众号与微官网的营销功能互补，确定微信公众号及微官网中菜单名称与功能的设计； ● 编撰微信公众号内"自动回复"、微官网中用于宣传的文字素材		

操作内容	执行指导	遇到问题	解决方法
任务二 微信公众号的申请及内部设置	1. 利用学习平台为企业模拟申请一个微信公众号 ● 根据策划案选择公众号类型； ● 根据策划案填写并上传申请微信公众号的相关资料； ● 根据策划案的营销定位填写微信公众号内相关信息。 2. 根据网站策划案设计微信公众号的基础功能 ● 根据策划案设置微信公众号后台的"自动回复""自定义菜单"等功能； ● 根据策划案设置微信公众号后台的"用户管理""素材管理"等功能。 3. 根据网站策划案准备微信公众号的图文素材 ● 根据策划案创建具有企业特色用于微信公众号宣传的套图（微信公众号 logo、关注、腰带、点赞、在看等）； ● 确定一个活动主题并创建微信公众号的首篇单图文； 　根据主题撰写摘要及正文内容（注意字数）； 　选取与该内容匹配的图片（选择适合尺寸的图片 2 或 3 张）； ● 管理图文素材：对具有相同格式或相似主题、相似功能的图片素材进行分组管理（推荐有条件者可以在线申请真实的个人订阅号进行实战）		
任务三 微信公众号、测试号与第三方平台	为了有真实的平台互动实战效果，使用微信公众测试号与学习平台进行绑定操作： ● 分别登录微信测试平台和学习平台； ● 复制微信公众测试平台中的"AppID（应用 ID）"和"AppSecret（应用密钥）"并粘贴到学习平台微信设置的相关处并保存（必须选择认证服务号）； ● 复制学习平台微信设置中的"URL""Token""网页授权域名"并粘贴到微信公众测试平台的相关处并确认； ● 在学习平台微信设置中，根据网站策划案分别设置"首次关注""自动回复""关键字回复"等相关内容； ● 绑定设置完毕后，使用手机微信扫描微信公众测试平台中的二维码，并关注微信公众测试号，进行相关操作确认绑定成功		
实战感受			

2 微官网的搭建与设置

操作内容	执行指导	遇到问题	解决方法
任务四 微官网基础的搭建与设置	1. 根据网站策划案进行微官网基础搭建 ● 微官网基础内容设置； ● 微官网各类模板的选择与应用； ● 微官网导航菜单的选择与设置； ● 微官网首页幻灯片与首页背景的设置； ● 微官网的站点管理设置（注意部分具体活动链接可先设置为纯文本，等后续功能创建完毕后再做链接）； 2. 根据网站策划案进行微官网图文内容设计与制作 ● 根据网站策划案与微信公众号的活动宣传编撰微官网首条新闻； ● 根据网站策划案与微信公众号的活动宣传编撰微官网首条单图文 （在图文编辑时，注意图文信息的丰富与美观，请使用在线编辑器）		
任务五 微活动与微互动的应用	1. 根据网站策划案的营销定位，策划并撰写一份活动方案 ● 根据企业的在线营销定位，撰写一个活动方案； ● 编撰活动策划方案时注意活动的季节性； ● 编撰活动策划方案时，注意线上线下的配合； ● 编撰活动策划方案时，注意活动后数据的回收。 2. 根据活动方案设计活动表单 ● 编撰活动工作流程表、活动物料表、活动经费预算表。 3. 根据网站策划案，在学习平台进行微活动与微互动设置 ● 根据方案在学习平台设计一个"微活动"配合线下活动； ● 根据方案在学习平台设计一个"微互动"配合线下活动		
任务六 微场景的应用	根据网站策划案的营销定位，设计并使用 1 或 2 个场景功能 ● 推荐使用"微门店"或"微商城"，也可使用"微服务"制作自定义场景功能； ● 注意微场景、微官网菜单设置及微信测试号中公众号菜单的配合使用		
实战感受			

3 设计会员制策略并部署实施

操作内容	执行指导	遇到问题	解决方法
任务七 会员制的设计与策划	1. 根据网站策划案进行微官网会员制设置 ● 微官网会员卡基础设置； ● 微官网会员资料管理与分组； ● 微官网会员卡等级设置。 2. 根据网站营销定位策划微信公众号粉丝与微官网会员的转换 ● 考虑如何通过活动设计进行微信公众号吸引粉丝操作； ● 考虑如何通过微官网设置的线上线下活动使粉丝留存并转换为会员		
任务八 会员制在活动中的应用	1. 根据网站策划案的营销定位，策划并撰写一份微官网扩粉活动方案 ● 根据企业的在线营销定位，撰写一个微官网扩粉活动方案； ● 编撰活动策划方案时注意利用微信公众号吸粉； ● 编撰活动策划方案时，注意活动中如何引入会员制概念刺激消费； ● 编撰活动策划方案时，注意活动后会员数据的回收方案设计。 2. 根据扩粉活动进行编撰宣传图文素材 ● 使用在线图文编辑器编撰一篇与活动相关的单图文并在微信公众号和微官网内进行发布； ● 使用 PPT 制作一张活动营销手机海报并在微信公众号和微官网中发布。 3. 根据扩粉活动方案设置"微活动"与"微互动"并应用到活动中 ● 根据扩粉活动方案在学习平台设计一个"微活动"配合线下活动； ● 根据扩粉活动方案在学习平台设计一个"微互动"配合线下活动		
任务九 会员制的营销	1. 设计会员卡套餐及会员积分策略，尝试应用到营销活动中 ● 利用学习平台设置"会员卡套餐项目"并应用于会员营销活动中； ● 利用学习平台设置"会员积分策略"并应用于会员营销活动中。 2. 做好新会员引入和老会员的关怀工作 ● 利用学习平台设置"会员关怀"并策划应用于会员营销活动中		
实战感受			

4 营销活动数据回收及复盘

操作内容	执行指导	遇到问题	解决方法
任务十 活动数据 回收及 复盘	1. 扩粉活动数据的回收及处理 ● 微信公众号内扩粉活动相关数据回收； ● 微官网内扩粉活动相关数据回收； ● 在扩粉活动中线下数据的回收； ● 使用 Excel 对回收的数据进行清洗与汇总。 2. 根据扩粉活动回收的数据进行活动的分析与复盘 ● 根据扩粉活动回收的数据进行活动分析和复盘； ● 撰写扩粉活动的活动总结报告		
实战感受			

任务评价

编号	项目	评分细则	分值	得分
1	微官网的前期设计与营销策划	● 能按企业需求及实际情况合理做好微官网整体策划方案； ● 能根据需求完整收集微信公众号申请、网站搭建的相关资料； ● 能按照正规格式完整编撰微网站策划方案	15	
2	微信公众号的申请及内部设置	● 能按网站策划案的要求，顺利申请一个微信公众号； ● 能按网站策划案的要求，设置好微信公众号后台各功能项； ● 操作过程规范、注意信息安全	10	
3	微信公众号测试号与第三方平台	● 能将微信测试号与学习平台进行成功绑定； ● 操作过程规范、注意信息安全	5	
4	微官网基础的搭建与设置	● 能按照网站策划案进行网站框架基础信息搭建； ● 网站模板应用整体效果美观； ● 网站内编撰、设计的图文内容能符合活动主题	10	
5	微活动与微互动的应用	● 能按照网站策划案策划并撰写一份活动方案； ● 活动方案能符合企业的在线营销定位； ● 编撰活动策划案时，注意线上线下的配合； ● 能根据活动方案独立完成微活动与微互动的后台设置	15	
6	微场景的应用	● 能按照网站策划案进行微场景设计与设置； ● 能将微场景的各项功能顺利应用到活动中	10	
7	会员制的设计与策划	● 能按照网站策划案进行微官网的会员卡基础设置； ● 在会员制策划中能充分考虑会员运营的吸粉、引流、留存、转化	10	

续表

编号	项目	评分细则	分值	得分
8	会员制在活动中的应用	● 根据网站策划案的营销定位，策划并撰写微官网扩粉活动方案； ● 活动策划时能将会员制概念引入活动中，刺激会员的营销转化； ● 活动策划时能在活动各环节中考虑加入会员数据信息的回收； ● 操作过程规范、注意信息安全	15	
9	会员制的营销	● 能按照策划案充分利用好平台中的"会员套餐项目"； ● 能按照策划案充分利用好平台中的"会员积分策略"； ● 能按照策划案充分利用好平台中的"会员关怀"	5	
10	活动数据回收及复盘	● 能按照策划案要求进行扩粉活动数据的回收及处理； ● 能根据活动数据进行活动的分析与复盘，并撰写总结报告	5	
总分			100	

参 考 文 献

135 编辑器．https://www.135editor.com

APICloud．https://www.apicloud.com

WPS．https://www.wps.cn

百度．https://www.baidu.com

标点狗．https://www.logoko.com.cn

店盈易．http://www.huing.net/hyglhxgn.html

凡科互动．https://hd.fkw.com

凡科快图．https://kt.fkw.com

格式工厂．http://www.pcgeshi.com

金数据．https://jinshuju.net

麦客 CRM．https://www.mikecrm.com

梅花网．https://www.meihua.info

美图秀秀．https://pc.meitu.com

秋叶，勾俊伟，2018．新媒体运营 [M]．北京：人民邮电出版社．

上线了．https://www.sxl.cn

微信公众平台．https://mp.weixin.qq.com

问卷网．https://www.wenjuan.com

问卷星．https://www.wjx.cn

闫河，2017．微信公众号后台操作与运营全攻略 [M]．北京：人民邮电出版社．

易企秀．https://www.eqxiu.com